高职高专
名校名师精品“十三五”规划教材

PHP Dynamic Web Development
Technology

PHP
动态 Web 开发技术

郭玲◉主编

人 民 邮 电 出 版 社
北 京

图书在版编目（CIP）数据

PHP动态Web开发技术 / 郭玲主编. -- 北京 : 人民邮电出版社, 2019.6(2023.6重印)
高职高专名校名师精品“十三五”规划教材
ISBN 978-7-115-50019-9

Ⅰ. ①P… Ⅱ. ①郭… Ⅲ. ①网页制作工具－PHP语言－程序设计－高等职业教育－教材 Ⅳ. ①TP393.092.2 ②TP312.8

中国版本图书馆CIP数据核字(2018)第249295号

内 容 提 要

本书系统地讲解在 Eclipse 开发环境中使用 PHP 编程语言开发动态 Web 项目的流程与技术。全书围绕实际工程项目展开，着重培养学生的开发能力。

全书共 10 章，主要介绍动态 Web 的概念与开发环境的搭建、创建 PHP 动态网站、数据处理、数据输出、数据采集、页面引用、状态维护、MySQL 数据库、使用 PHP 访问 MySQL 数据库等，最后通过一个完整的 Web 项目开发实践，介绍了使用 PHP 语言开发动态 Web 应用程序的基本原则、常见网站效果的开发技巧及项目编程规范。

本书注重基础，内容由浅入深，案例翔实，实用性强，适合作为职业院校计算机相关专业的教材，也可作为 PHP 动态 Web 编程爱好者的自学用书。

◆ 主　　编　郭　玲
责任编辑　左仲海
责任印制　马振武
◆ 人民邮电出版社出版发行　北京市丰台区成寿寺路 11 号
邮编　100164　电子邮件　315@ptpress.com.cn
网址　http://www.ptpress.com.cn
固安县铭成印刷有限公司印刷
◆ 开本：787×1092　1/16
印张：14.25　2019 年 6 月第 1 版
字数：329 千字　2023 年 6 月河北第 9 次印刷

定价：45.00 元

读者服务热线：(010)81055256　印装质量热线：(010)81055316
反盗版热线：(010)81055315
广告经营许可证：京东市监广登字20170147号

前　言 FOREWORD

PHP 语言简单且功能强大，是一种被广泛应用的多用途脚本语言。它可嵌入 HTML 中，尤其适合 Web 开发。目前，全球有超过 60%的网站在使用 PHP 语言。Facebook、Yahoo、百度、维基百科、腾讯、淘宝等网站，都是基于 PHP 技术构建的。PHP 已稳定成为全球五大最受欢迎的编程语言之一，具有相当大的市场份额，受到众多 Web 应用开发工程师的欢迎，是职业院校计算机相关专业学生学习的一项专业核心技术。

党的二十大报告提出：我们要坚持教育优先发展、科技自立自强、人才引领驱动，加快建设教育强国、科技强国、人才强国。本书围绕综合培养职业实践能力这一核心思想，以实践为导向，理论结合实际，以“项目引导”为思路，依托完整的 Web 应用项目来组织全书的内容，详细讲解了 PHP 的各项开发技术及其开发平台工具的使用，介绍了建设基于 MySQL 数据库的动态网站的基本流程和方法。在讲解知识和技术的同时，本书也非常注重 Web 应用项目的开发规范。

本书的参考学时为 58 学时，建议采用任务驱动的教学模式，以工作任务的完成为核心来构建专业理论知识结构及专业技能。全书共 10 章，学时分配参考下面的学时分配表。

学时分配表

序号	章名	教学内容	学时建议
1	动态 Web 技术概述与开发环境搭建	动态 Web 基础知识、搭建开发环境	2
2	创建 PHP 动态网站	创建 PHP 网站、PHP 网页文件结构、PHP 基本语法	4
3	数据处理	常量与变量、数据类型、运算符、流程控制语句、函数变量作用域、面向对象编程、实践演练	6
4	数据输出	输出字面量、输出变量、按格式输出数据、输出数组和对象	2
5	数据采集	form 表单采集数据、处理表单、上传文件、数据验证	4
6	页面引用	页面布局、页面包含	6
7	状态维护	使用查询字符串进行页面间参数的传递，使用 Cookie 和 Session 维护系统状态数据	6
8	MySQL 数据库	MySQL 简介及其安装与启动、访问 MySQL 数据库、使用 phpMyAdmin 操作数据库、常用 SQL 语句	6

续表

序号	章名	教学内容	学时建议
9	PHP 访问数据库	数据访问接口、使用 MySQLi 接口访问并维护 MySQL 数据库、实践演练	4
10	网上书城项目	PHP 语言开发流程与规范、分析设计及实现 Web 应用项目	16
	课程考评		2
学时总计			58

本书假设读者已具备了基本的网页设计知识，对使用 HTML 元素和 CSS 实现页面的布局等已经有一定的了解。本书中的编程采用 MySQL 数据库，对于不具备 MySQL 基础的读者，我们安排了第 8 章。这类读者通过第 8 章可学习 MySQL 数据库的基础知识，即常用的 SQL 语句，以满足动态 Web 编程的需要。学习过 MySQL 的读者可以略过或花少量时间进行复习。

本书案例的开发环境为 Eclipse，采用 MySQL 数据库，所有实例的源代码均可通过人民邮电出版社教育社区 www.ryjiaoyu.com 获取。

由于时间仓促，加之编者水平有限，书中难免有疏漏和不妥之处，恳请专家和广大读者提出宝贵意见。

编　者

2023 年 5 月

目录 CONTENTS

第1章 动态Web技术概述与开发环境搭建

PHP是一种通用开源脚本语言，语法吸收了C、Java和Perl语言的特点，利于学习，使用广泛，主要适用于Web开发领域。本章主要介绍网页技术及PHP技术的基础知识，以及使用PHP开发Web项目时开发环境的搭建。

学习目标

- 了解网页技术的发展历程
- 了解PHP技术
- 搭建PHP项目的开发环境
- 熟悉Eclipse PDT集成开发环境

1.1 动态Web概述

1.1.1 静态Web与动态Web

被誉为“互联网之父”的英国计算机科学家蒂姆·伯纳斯·李（Tim Berners-Lee）在20世纪90年代初发明了万维网（World Wide Web，WWW），并成功开发出世界上第一个网页浏览器和第一个网页服务器，宣告了网站的诞生。随即，互联网迅速向大众普及。目前，全球互联网网站数量已达数十亿个。

一个网站由多个网页构成。这些网页可以各自呈现其独立的信息，具有特定的功能，同时也可以相互关联形成一个整体。从网页的内容是否可以通过动态交互生成和变化的角度来看，网页可以分为静态网页（静态Web）和动态网页（动态Web）两大类，它们各有特点。

静态Web制作完成后，页面上显示的内容和格式是固定不变的，如果需要改变，就必须去修改页面代码。静态Web主要由超文本标记语言（Hyper Text Mark-up Language，HTML）制作而成，网页的文件名以.htm、.html、.shtml等为扩展名。静态Web是网站建设的基础。需要注意的是，静态Web上可以出现各种动态的效果，如动画、滚动文字等，但这些只是页面内容在视觉上的“动态效果”，与后面介绍的动态Web是不同的概念。早期的网站包含的网页基本上都是静态Web。静态Web的运行速度快，内容相对稳定，易被搜索引擎检索，但在功能方面有较大的局限性，页面内容更新起来比较麻烦，所以一般对于功能简单、内容更新少的网页，我们采用静态Web的方式制作。

动态 Web 是相对于静态 Web 而言的，指其网页内容可以根据不同的情况而动态变更。动态 Web 的网页文件在基本 HTML 的基础上，加入了由 Java、C#、PHP 等程序语言编写的代码，用于实现网站所需的特定功能。这些程序代码可以使用户和网页之间进行交互，网页输出将根据客户浏览器的不同请求而动态产生不同的结果。动态网站通常基于数据库技术构建，融合了程序设计语言、数据库编程技术等，可以实现强大的网站功能，同时大大降低了网站维护的工作量。常见的购物车、论坛、电子图书馆、网上投票等都是由动态 Web 实现的。动态 Web 的扩展名通常有.php、.jsp、.aspx、.asp、.perl、.cgi 等，这与网页所采用的开发技术有关，采用不同技术制作的动态 Web，其扩展名也有所不同。

网站是采用动态 Web 还是静态 Web 主要取决于网站的功能需求和网站内容的多少，如果网站功能比较简单，内容更新量不是很大，采用纯静态 Web 的方式会更简单，反之则要采用动态 Web 技术来实现。纯粹由静态 Web 构成的网站称为静态网站，包含动态 Web 的网站称为动态网站。动态网站也可以采用静动结合的原则，在适合采用动态 Web 的地方用动态 Web，如果有必要使用静态 Web，则可以考虑用静态 Web 的方法来实现。在同一个网站上，动态 Web 内容和静态 Web 内容同时存在也是很常见的事情。

1.1.2 动态 Web 访问流程

动态 Web 不能直接由浏览器解释输出，必须经过服务器的处理，然后传送给浏览器，其访问流程如图 1-1 所示。

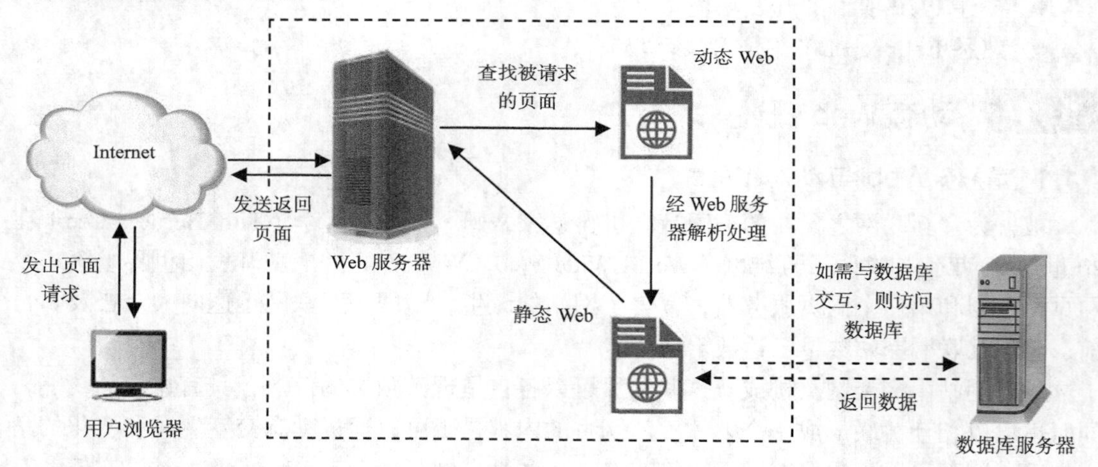

图 1-1　动态 Web 访问流程

首先，用户在浏览器地址栏中输入要访问的网页地址，浏览器即向网址对应的 Web 服务器发出页面请求。然后，Web 服务器接收到该请求后，根据文件名查找相应的网页文件，调用专门的处理程序对代码进行解析，如果网页文件中还有需要操作数据库的代码，则访问数据库服务器并返回交互数据。最后，Web 服务器将动态 Web 解释为一个静态页面发送给浏览器，以呈现给用户。

1.1.3 常见的动态 Web 开发技术

早期的动态 Web 开发主要采用公用网关接口（Common Gateway Interface，CGI）技术，可以使用不同的编程语言，如 Visual Basic、Delphi 或 C/C++等。虽然 CGI 技术已经成熟且功能强大，但由于其编程困难、效率低下、修改复杂，已经被新技术所取代。目前最常见的动态Web开发技术有PHP、JSP和ASP.NET这3种。

1．PHP

PHP（Hypertext Preprocessor，超文本预处理器）是一种通用开源脚本语言，主要适用于Web开发领域。PHP于1995年由拉斯姆斯·勒多夫（Rasmus Lerdorf）创建，最初是为了维护个人网页而制作的一个简单的用Perl语言编写的程序，后来又用C语言重新编写。PHP的语法借鉴了C、Java、Perl等语言，它将程序嵌入HTML文档中去执行，执行效率高。PHP也可以在编译优化后运行，使代码运行得更快。

PHP跨平台性强，可以运行在UNIX、Linux、Windows、Mac OS、Android等平台，同时具有免费和代码开源的特点，非常适合开发中小型的Web应用。使用PHP开发的速度比较快，而且由于所有的软件都是免费的，可以减少成本投入。关于PHP的详细内容将在下一节重点讲述。

2．JSP

JSP（Java Server Pages，Java服务器页面）是由Sun Microsystems公司于1999年6月推出的动态Web开发技术，是在传统的HTML网页文件中插入Java程序段（Scriptlet）和JSP标记（Tag）形成的JSP文件。JSP基于Java Servlet和整个Java体系，实现了HTML语法中的Java扩展。

JSP将网页逻辑与网页设计的显示分离，支持可重用的基于组件的设计，使基于Web的应用程序开发变得迅速和容易。JSP具备了Java技术的简单易用、完全面向对象且安全可靠的特点。用JSP技术开发的Web应用是跨平台的，具有平台无关性，既能在Linux中运行，也能在其他操作系统中运行。

3．ASP.NET

ASP.NET是微软公司于2002年推出的新一代综合性平台架构——Mricrosoft.NET框架的一部分。它是一个统一的Web开发模型，提供了多种服务，使开发人员可以用尽可能少的代码来构建功能强大的Web应用。ASP.NET可以建立包括从小型的个人网站到大型的企业级Web应用等各种类型的项目，具有高效、强大、安全可靠的特点。开发人员可以选用Visual Basic、C#、JScript.NET和J#等多种程序语言来编写应用。

用ASP.NET开发的Web应用只能运行于Windows的Web服务器IIS（Internet Information Server，互联网信息服务）之上，具有平台的局限性。

1.2 PHP简介

PHP语言简单而功能强大，是一种被广泛应用的多用途脚本语言，它可嵌入HTML中，尤其适合Web开发。目前，全球有超过60%的网站在使用PHP语言，如Facebook、Yahoo、百度、维基百科、腾讯、淘宝等，都是基于PHP技术构建的。PHP已稳定地成为全球五大最受欢迎的编程语言之一。

1.2.1 PHP的发展历史

1995年，拉斯姆斯·勒多夫（Rasmus Lerdorf）创建的PHP最初只是一套简单的Perl

脚本，用来跟踪他的主页的访客信息，后来又用 C 语言改写，以实现更多的功能需求，发布为 PHP 1.0 版本。该版本可以访问数据库，让用户开发简单的动态 Web 程序，已经包含了今天 PHP 的一些基本功能。

1997 年 11 月，官方正式发布了 PHP 2.0 版本，在当时已经有几千个用户和大约 50 000 个网站使用 PHP，大约占 Internet 所有域名的 1%。

不久之后，两个以色列程序设计师安迪·克特曼斯（Andi Gutmans）和泽埃夫·苏拉斯基（Zeev Suraski）改进了 PHP 2.0 的明显不足，重写了 PHP 的剖析器，成为 PHP 3.0 的基础。约经过几个月的公开测试后，官方于 1998 年 6 月正式发布了 PHP 3.0。PHP 3.0 是类似于当今 PHP 语法结构的第一个版本，从此 PHP 走向了成功。PHP 3.0 的一个最强大的功能是它的可扩展性，除了给最终用户提供数据库、协议和 API（Application Programming Interface，应用程序接口）的基础结构外，它的可扩展性还吸引了大量开发人员的加入及提交新的模块。

2000 年 5 月，PHP 4.0 发布了官方正式版本。它基于新的 Zend 引擎，除了有更高的性能以外，还包含其他一些关键功能，如支持更多的 Web 服务器、支持 HTTP Sessions、输出缓冲、更安全地处理用户输入及一些新的语言结构。

2004 年 7 月发布了 PHP 5 的正式版本。它的核心是第二代 Zend 引擎，并且结合了许多新特色，如强化的面向对象功能、新的对象模型 PDO（PHP Data Objects，一个存取数据库的延伸函数库），以及许多效能上的增强。随后，PHP 在语法的灵活性和性能上不断提升，2014 年 1 月推出的 PHP 5.6，是目前仍有许多使用者的一个稳定版本。

2015 年 12 月，PHP 7 正式发布，是 PHP 5 发布后时隔 11 年来首次发布的 PHP 主版本，期间的 PHP 6 计划因失败而在 2010 年被取消。PHP 7 版本重新设计了 PHP 引擎，性能获得了极大的提升。大量测试显示，PHP 7 比 PHP 5.6 在各种常见的开源项目中有 60%以上到最高两倍的性能提升。PHP 7 新增的其他功能包括标量值的类型、匿名类、嵌套类、编译 PHP 引擎的可能性及特定程序优化等。

PHP 目前仍在不断的完善和发展之中，PHP 7 是当今的最新版本，本书的所有案例均使用 PHP 7 版本开发。

1.2.2 PHP 的特点

（1）开源和免费

PHP 本身免费而且是开源代码。使用 PHP 没有成本，可以免费下载和使用。它拥有强大成熟的开源社区，文档资料非常丰富，获取极为方便。

（2）功能强大

PHP 主要是用于服务器端的脚本程序，可以完成任何其他 CGI 程序能够完成的 Web 开发工作。除此之外，PHP 还可以用于命令行脚本及编写桌面应用程序。它提供了各种高级的特性，支持面向对象开发，能够处理网页、图像、PDF 文件、XHTML 和 XML 等文件。同时，PHP 提供了数量丰富且功能强大的扩展库，极大地提高了开发效率。

（3）跨平台性强

PHP 能够运行在所有的主流操作系统平台之上，包括 UNIX、Linux、Windows、Mac OS、iOS、Android 等。它兼容几乎所有的 Web 服务器，包括 Apache、IIS、PWS（Personal Web

Server，个人 Web 服务器）及 iPlant Server 等。因此，使用 PHP 可以根据用户所需自由地选择操作系统和 Web 服务器。

（4）支持多种数据库

PHP 支持多种数据库，包括 MySQL、Oracle、SQL Server、DB2、Sybase、Access 等。它既可以使用数据库的扩展程序，也可以使用抽象层（如 PDO），还可以通过 ODBC 扩展连接到任何支持 ODBC 标准的数据库，使得网页与数据库的交互非常简单。

（5）运行效率高

PHP 消耗相当少的系统资源，可以高效、快速地运行在服务器端，更快速地执行动态网页，性能优越。

（6）易用快捷

PHP 易于学习，对于初学者来说极其简单，可以很快地入门。其编辑简单，实用性强。

1.3 PHP 开发环境的搭建

1.3.1 开发环境与工具

使用 PHP 开发动态 Web，需要准备的资源包括两个部分：PHP 服务器和 PHP 开发工具。

1. PHP 服务器

要做 PHP 开发，首先必须搭建一个支持 PHP 网站运行的服务器环境，包括操作系统平台、Web 服务器、PHP 语言和数据库。

PHP 是跨平台的，兼容性非常好。开发人员可以在 Windows、Linux、Mac OS 等主流操作系统中进行开发，但是 PHP 5.5 以上的版本不再支持 Windows XP 和 Windows 2003 系统。

几乎所有的 Web 服务器都支持 PHP，目前常用的 Web 服务器有 Apache、IIS、Nginx 等。其中最常用的是 Apache，它跨平台，功能多，执行效率高，文档丰富，而且有很多好用的集成开发环境。

在数据库方面，PHP 支持各种主流的、非主流的数据库，多达数十种，其中配合最好的是 MySQL。

PHP 服务器最经典的结构有 LAMP（Linux+Apache+MySQL+PHP）和 WAMP（Windows+Apache+MySQL+PHP）两种。在 Linux 平台上运行 PHP 网页具有更高的效率，更好的稳定性和安全性，所以 PHP 应用的开发环境一般采用 LAMP。而对于 Windows 操作系统，则由于其非常普及，以及它的图形化界面可以使操作更为方便，因此在开发时常常使用 WAMP 结构。开发完成后，再将 PHP 应用发布、部署到 Linux 平台上。

本书案例的开发环境为 WAMP，在 Windows 操作系统上使用 Apache 服务器、PHP 7 及 MySQL 数据库。

2. PHP 开发工具

PHP 是一种解释性的脚本语言，PHP 技术开发的 Web 应用程序文件的扩展名为“.php”，是纯文本文件，使用诸如 EditPlus、Notepad++等这些文本编辑工具就可以直接编写。但是，如果能够使用一款合适的、强大的开发工具，开发人员将大大提高开发效率。PHP 的开发工具很多，各有特点，使用最为广泛的有 Zend Studio、PhpStorm、Eclipse PDT 等。

Zend Studio 是一个屡获大奖的专业 PHP 集成开发环境，由 PHP 官方 Zend 公司开发，具备功能强大的专业编辑工具和调试工具。它包括了 PHP 所有必需的开发部件，支持 PHP 语法加亮显示、语法自动填充功能、书签功能、语法自动缩排和代码复制功能，内置一个强大的 PHP 代码调试工具，支持本地和远程两种调试模式，支持多种高级调试功能。通过一整套工具，Zend Studio 可以加速开发周期，简化复杂的应用方案。Zend Studio 是一款商业付费软件，其试用版可以免费使用 30 天。

PhpStorm 是一款商业的 PHP 集成开发工具。它提供了高效的编码辅助工具，具备优秀的智能代码补全、快速安全的重构、快速编码导航、实时错误检查等功能。可视化的调试器可以帮助开发人员轻松实现代码的分析、调试和测试。内建的开发者工具集成了版本控制、命令行工具等多种工具，以执行各种日常任务。同时，它还完美支持各种主流框架和 HTML 5、CSS 和 JavaScript 等前端开发技术。

Eclipse PDT（PHP Development Tools，PHP 开发工具）是一个 Eclipse 插件，为 PHP 开发人员提供了一个集成开发环境。它包含了开发 PHP 应用所需的所有组件，并易于扩展，提供了 PHP 语法分析、代码格式化、重构、代码模板定制等功能，具有强大的代码导航和调试工具。除此之外，在 Eclipse PDT 环境中，开发人员还可以方便地使用 Eclipse 现有的诸多 Web 开发工具，从而极大地提高开发效率。Eclipse PDT 是一款免费的开源软件，并由 Zend 公司提供技术支持，因而它也被视为 Zend Studio 的一个精简版本。

本书使用 Eclipse PDT 作为 PHP 开发工具。

1.3.2 构建 PHP 服务器

开发人员可以分别独立安装 Web 服务器 Apache、PHP 语言和数据库管理系统 MySQL，然后对其参数做适当配置来搭建服务器。但是对于初学者来说，这种独立的安装和配置较为复杂，往往选择集成安装环境来构建 PHP 服务器更为快速和安全，可以实现一键式安装。

目前常用的 PHP 集成安装环境有 WampServer、XAMPP、PHPWAMP、UPUPW Nginx 等。这里使用 WampServer 来构建 PHP 服务器。

WampServer 是 Windows+Apache+MySQL+PHP 的集成安装环境，也就是 Windows 系统下的 Apache、PHP 和 MySQL 的服务器软件，是一个 Windows Web 开发环境。WampServer 将自动安装开发 PHP 应用所需的所有内容，它拥有简单直观的图形界面和菜单来安装与配置环境。开发人员不必修改配置文件，使用鼠标操作就可以非常轻松地配置好服务器环境。同时，它还提供了一个数据库管理工具 phpMyAdmin，让开发人员可以用 Web 界面方便地管理和操作 MySQL 数据库。

WampServer 软件是完全免费的，在其官方网站可以下载最新的版本，可根据机器选择下载 32 位或 64 位版本。

WampServer 软件的安装环境要求如下。

- 操作系统：Windows 7 及以上版本、Windows Server 2008 及以上版本。
- Visual C++ runtime（CRT）库：PHP 的运行需要 Visual C++ runtime（CRT）的支

持，如果系统中尚未安装该 CRT 库，需要先行安装 CRT 库，才能确保 WampServer 安装后能够正常启动。PHP 5.6 要求 VC CRT 11，PHP 7 及以上版本要求 VC CRT 14，它们可在微软官网下载。

准备工作完毕后，接下来开始安装 WampServer 软件，具体的操作步骤如下。

1. 启动安装程序

双击运行下载的 WampServer 可执行安装文件程序，出现图 1-2 所示的选择语言界面，目前仅有英语和法语两个语言选项，选择默认的“English”，然后单击“OK”按钮继续进行安装。

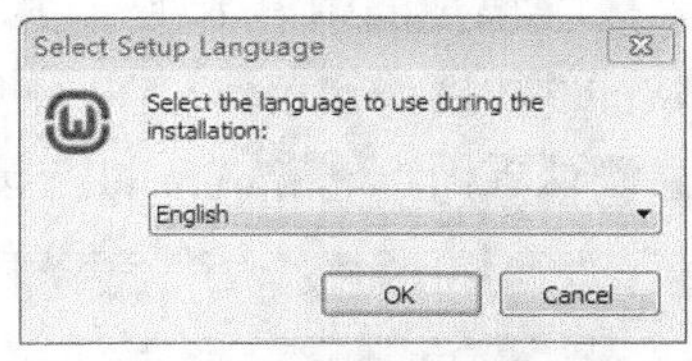

图 1-2　选择语言界面

2. 同意许可证协议

继续安装后，将出现图 1-3 所示的许可证协议界面，选择“I accept the agreement”单选按钮表示同意协议，然后单击“Next”按钮，出现图 1-4 所示的信息提示界面，单击“Next”按钮继续安装。

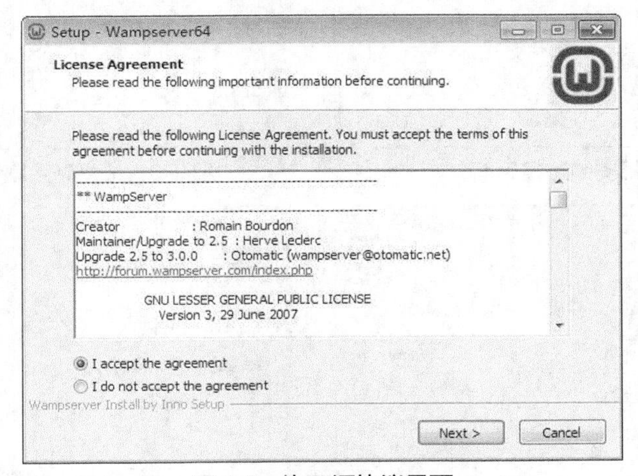

图 1-3　许可证协议界面

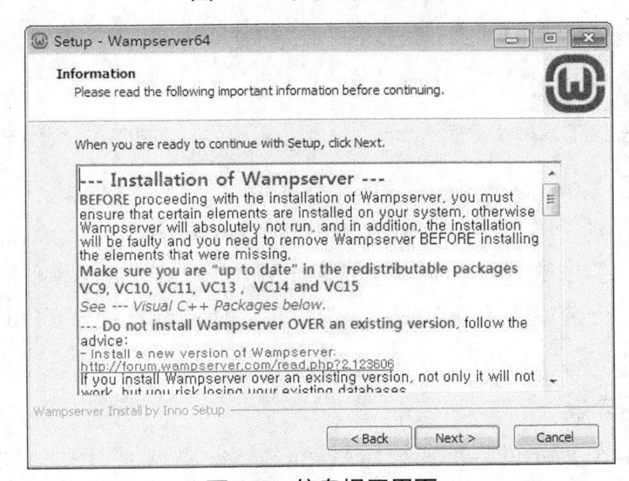

图 1-4　信息提示界面

3. 选择安装路径

在出现的图 1-5 所示的界面中选择程序的安装路径。如果需要改变默认的安装路径，则单击“Browse”按钮打开文件夹对话框，选择安装路径，然后单击“Next”按钮。

4. 选择开始菜单文件夹

在出现的图 1-6 所示的界面中选择开始菜单文件夹，在该文件夹中将创建 WampServer 软件的快捷操作菜单。在此使用默认设置，然后单击“Next”按钮，弹出图 1-7 所示的安装信息确认界面，单击“Install”按钮继续安装，进入图 1-8 所示的程序安装界面，显示安装进度。

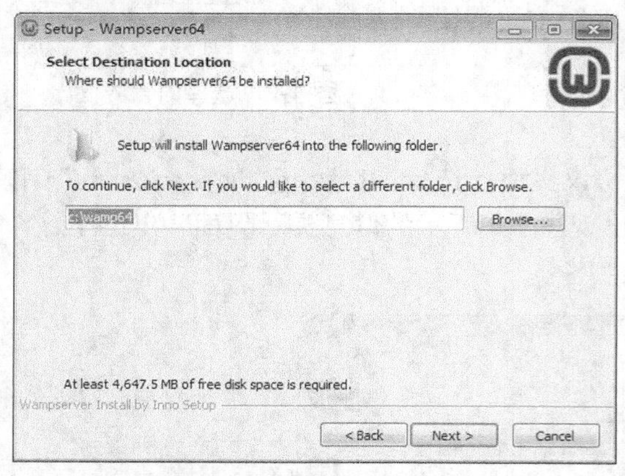

图 1-5　选择安装路径界面

图 1-6　选择开始菜单文件夹界面

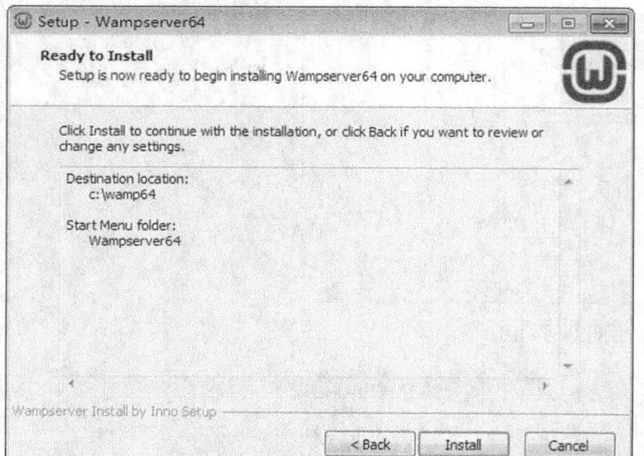

图 1-7　安装信息确认界面

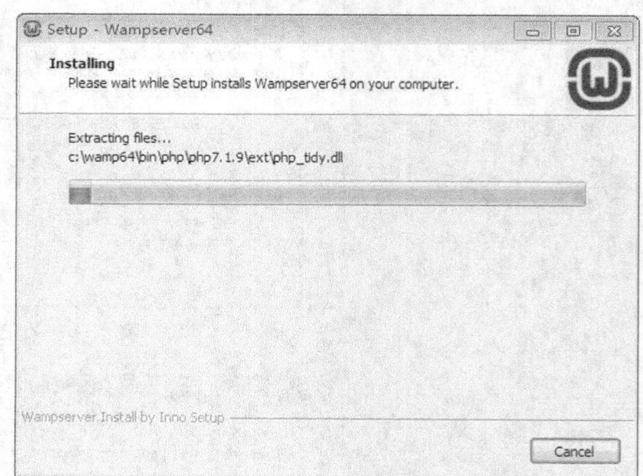

图 1-8　程序安装界面

5. 选择浏览器

安装过程中将出现让用户选择浏览器的界面，如图 1-9 所示。WampServer 默认使用 Internet Explorer（IE）浏览器。如果需要选择其他浏览器，则单击“是”按钮，在弹出的文件选择对话框中进行选择。此处单击“否”按钮，使用默认设置的 Internet Explorer（IE）浏览器。

6. 选择文本编辑器

接下来出现图 1-10 所示的界面，选择 WampServer 默认使用的文本编辑器，单击“否”按钮保留默认设置，继续安装程序。

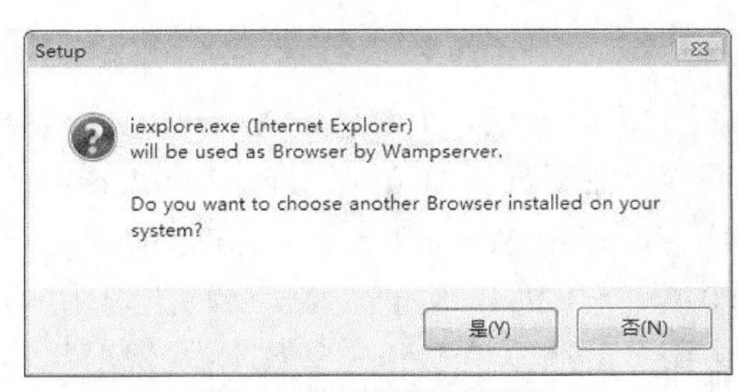

图 1-9　选择浏览器界面

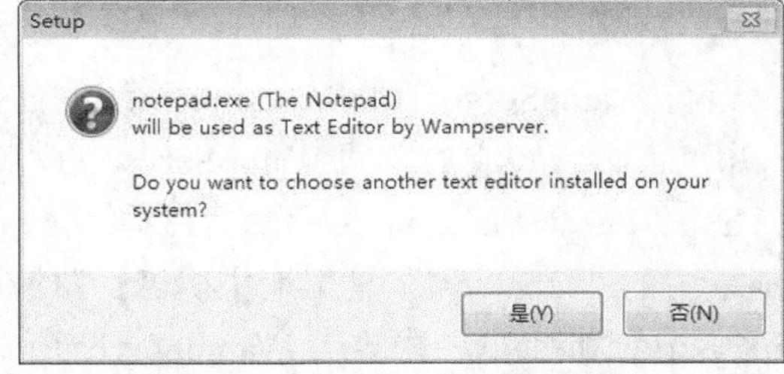

图 1-10　选择文本编辑器界面

7. 安装 phpMyAdmin

在出现的图 1-11 所示的信息界面中，提示即将开始安装 phpMyAdmin，启动 phpMy Admin 的默认用户名为“root”，密码为空，单击“Next”按钮继续安装。

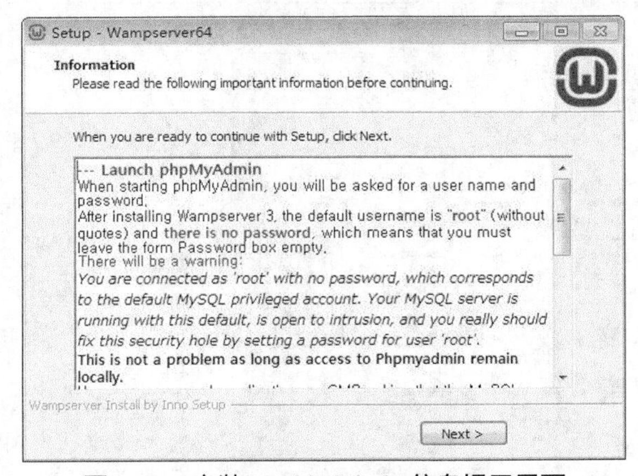

图 1-11　安装 phpMyAdmin 信息提示界面

8. 安装完成

接下来出现图 1-12 所示的界面，表示安装完成。WampServer 安装包集成了最新版的 Apache、MySQL 和 PHP。当 WampServer 安装完成时、Apache 服务器、MySQL 数据库和 PHP 语言预处理器全部被一并安装。

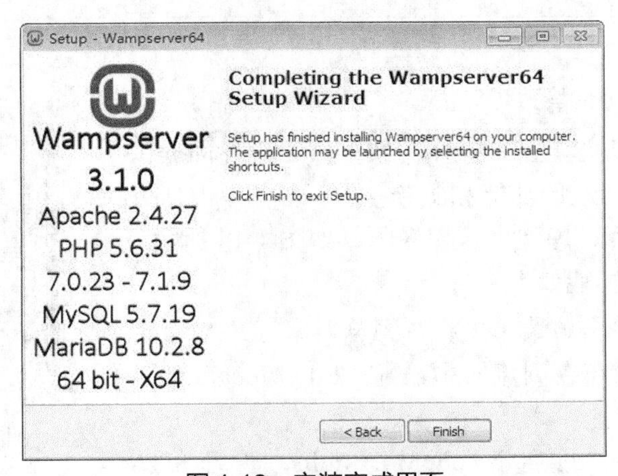

图 1-12　安装完成界面

9．检测

运行 WampServer，在 Windows 系统的任务栏上将会出现一个绿色的 WampServer 图标 ，绿色表示已经成功启动 WampServer 的所有服务。在浏览器中访问地址“http://localhost”或“http://127.0.0.1”，将显示图 1-13 所示的界面，即表示 WampServer 已经安装成功。访问地址中的“localhost”是本地主机名，“127.0.0.1”是主机 IP 地址，浏览界面上显示的是 WampServer 的主页，内容为 WampServer 所安装服务的版本信息和一些基本参数配置。

此外，WampServer 安装完毕后，将会自动在安装目录中创建一个名为“www”的文件夹，其完整路径是 C:\wamp64\www。这个文件夹是默认的 Web 应用存储位置，也就是 Web 服务主目录。当开发人员需要创建动态网站时，在该文件夹下新建子文件夹即可。

至此，PHP 服务器已经成功搭建。

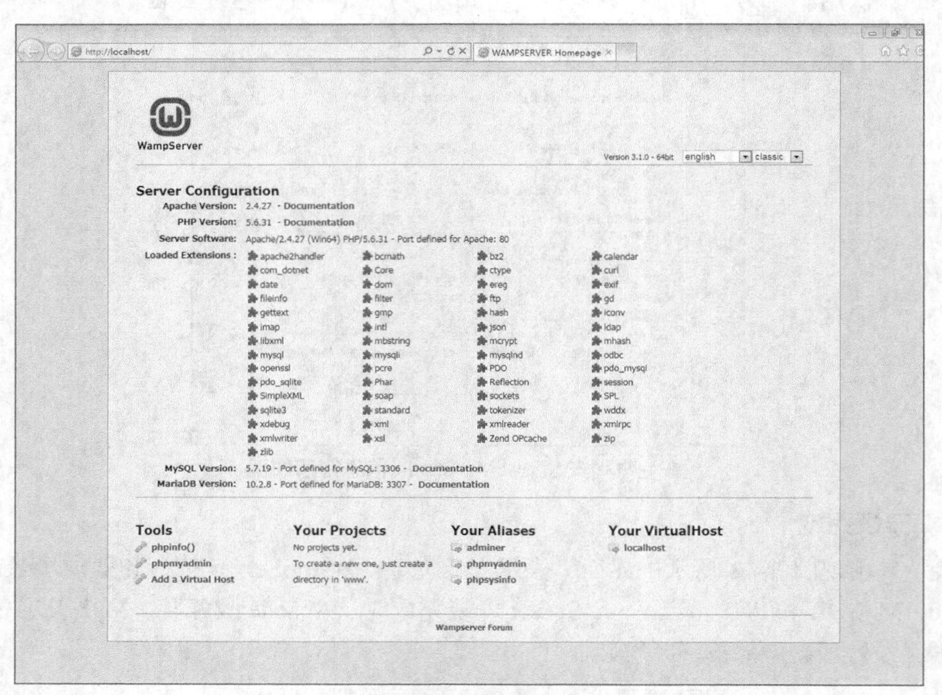

图 1-13　WampServer 安装启动成功界面

1.3.3　WampServer 管理界面

WampServer 的功能丰富，操作简便，其管理界面提供了非常直观的菜单项，相应的功能和服务一目了然。单击任务栏中的 WampServer 图标，即弹出管理界面，如图 1-14 所示。

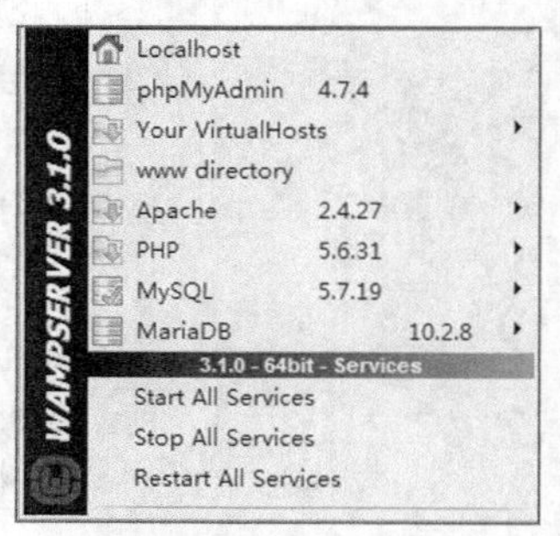

图 1-14　WampServer 管理界面

各菜单项的常用功能如下。

- Localhost：单击该菜单项将在浏览器中打开 WampServer 主页，与在浏览器中输入“http://localhost”的作用相同。
- phpMyAdmin：可启动 phpMyAdmin，管理和操作 MySQL 数据库。

- Your VirtualHosts：查看与配置主机名称、IP 地址等。
- www directory：单击可直接打开 Web 应用文件夹。
- Apache：管理 Apache 服务，配置、启动与停止服务，访问 Apache 日志。
- PHP：切换 PHP 版本，设置 PHP 基本参数，修改配置文件，查看错误日志等。
- MySQL：管理 MySQL 数据库服务，配置、启动与停止服务，访问 MySQL 日志。
- MariaDB：管理 MariaDB 数据库。MariaDB 是 MySQL 的一个分支版本。
- Start All Services：启动 Apache 和 MySQL 服务。
- Stop All Services：停止 Apache 和 MySQL 服务。
- Restart All Services：重启 Apache 和 MySQL 服务。

1.3.4　设置 PHP 版本

WampServer 3.1.0 提供了 PHP 5.6.31、PHP 7.0.23 和 PHP 7.1.9 这 3 个版本给用户使用。安装后默认使用的是 PHP 5.6.31，开发人员可以将其切换到其他版本。本书将使用较新的版本 PHP 7.1.9，下面介绍如何更改版本。

单击任务栏中的 WampServer 图标，弹出管理界面。如图 1-15 所示，选择“PHP”→“Version”→“7.1.9”命令，即可将 PHP 版本切换为 PHP 7.1.9。重新打开管理界面，可以看到 PHP 菜单项右侧显示的当前版本为 7.1.9，如图 1-16 所示。

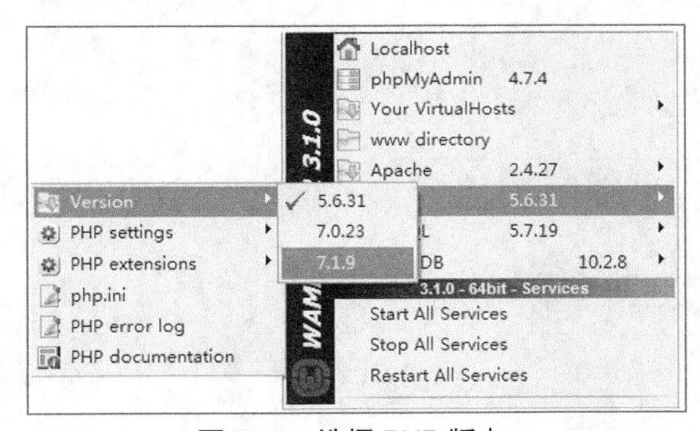

图 1-15　选择 PHP 版本

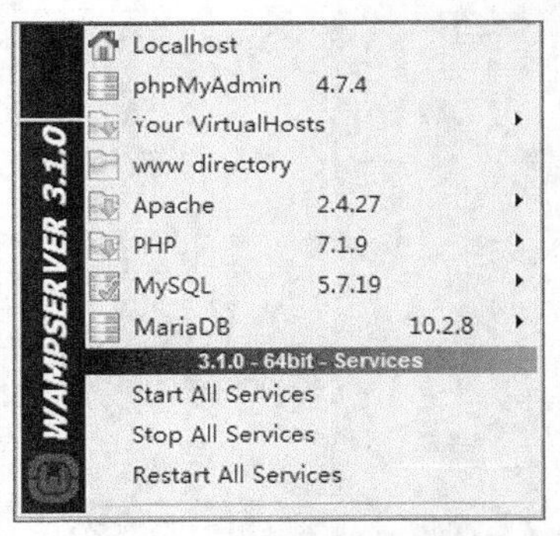

图 1-16　PHP 当前版本已切换为 7.1.9

1.3.5　安装开发工具 Eclipse PDT

本书选用 Eclipse PDT 这款免费开源的集成开发环境作为开发工具，该安装文件可以在 Eclipse 官网下载获得。

运行安装文件，在安装过程中将会弹出图 1-17 所示的选择工作区对话框，该工作区也就是以后 Eclipse 创建 PHP 应用的默认文件夹。单击“Browse”按钮，在弹出的选择文件夹对话框中选择 WampServer 的 Web 服务主目录 C:\wamp64\www，其中，C:\wamp64 是 WampServer 的安装目录，需要根据实际的安装位置来指定。然后勾选“Use this as the default and do not ask again”复选框，单击“Launch”按钮继续完成安装。随后出现图 1-18 所示的 Eclipse PHP 主界面，表示 Eclipse PHP 已经成功安装。以后就可以使用这个环境来创建 Web 应用项目了。

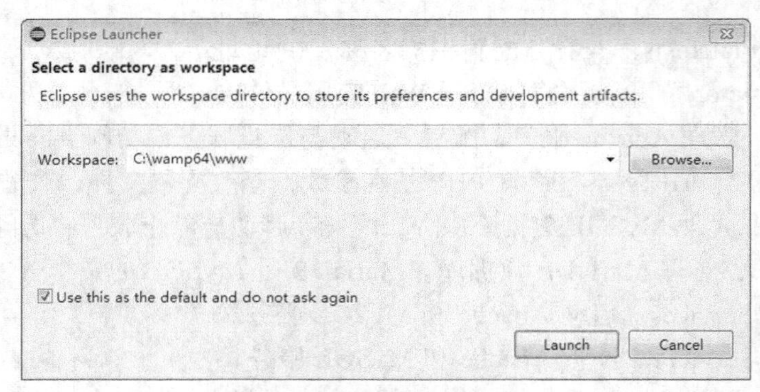

图 1-17 选择工作区对话框

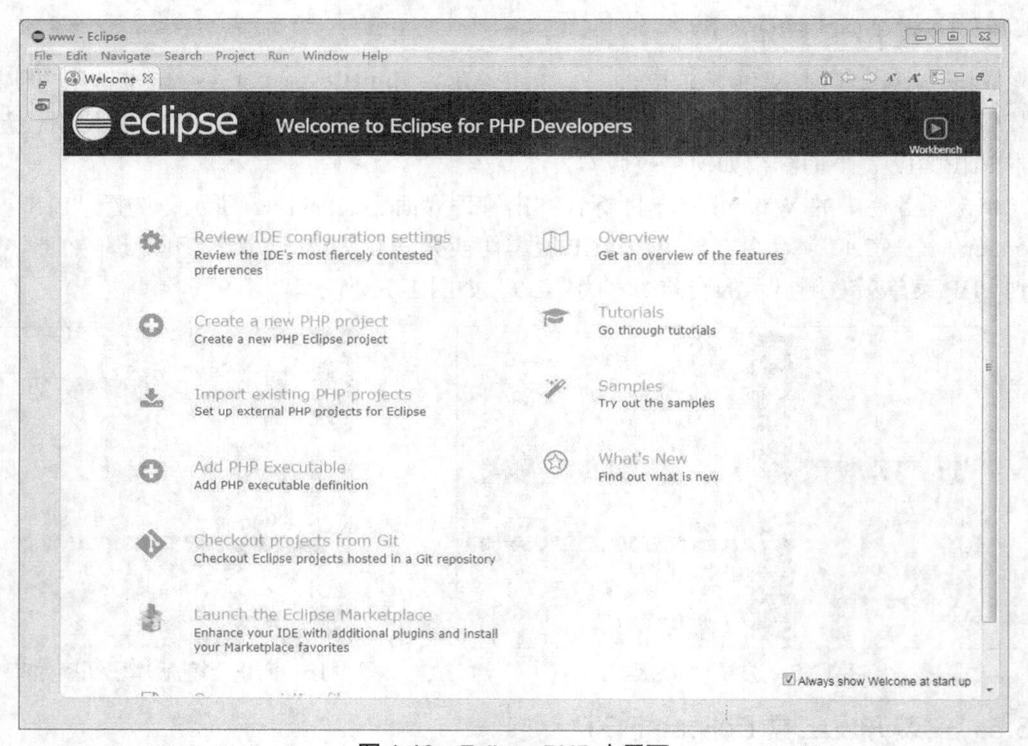

图 1-18 Eclipse PHP 主界面

1.4 小结

PHP 是当前流行的动态 Web 技术。它易学易用，功能强大，免费开源，是众多 Web 开发人员的首选语言。本章主要介绍了 PHP 的版本发展历程、主要技术特点，以及如何搭建服务器和开发环境，为创建 Web 应用做好准备。

第 2 章 创建 PHP 动态网站

使用 Eclipse PDT 平台开发 PHP 网站可以大大提高开发效率。本章主要介绍使用 Eclipse PDT 创建网站、制作网页的基本步骤，以及网站的组成和 PHP 网页的结构。从本章开始，我们将制作多个网页，开发人员在开发过程中必须具有良好的开发习惯，遵守编程规范。

学习目标

- 通过创建一个简单的网站掌握建立 PHP 网站的基本步骤
- 了解 PHP 网站的结构
- 了解 PHP 的文件结构和基本语法
- 熟悉 PHP 编程规范

2.1 使用 Eclipse 创建 PHP 网站

一个网站对应于主机中的一个文件夹，其中包含多个文件，如 PHP 动态网页文件、HTML 静态网页文件、CSS 样式表文件、JavaScript 代码文件及图片等各种资源文件。

下面我们使用 Eclipse 开发环境来创建一个 PHP 网站。

【例 2-1】创建网站并将其命名为 FirstWeb，新建网页 index.php，网页运行时显示欢迎语句。

本案例主要介绍如何使用 Eclipse 创建网站，设置网页编码，新建 PHP 网页，编辑及运行网页的操作流程，具体步骤如下。

1．新建网站

在 Eclipse 集成开发环境中选择“File”→“New”→“PHP Project”命令，如图 2-1 所示。

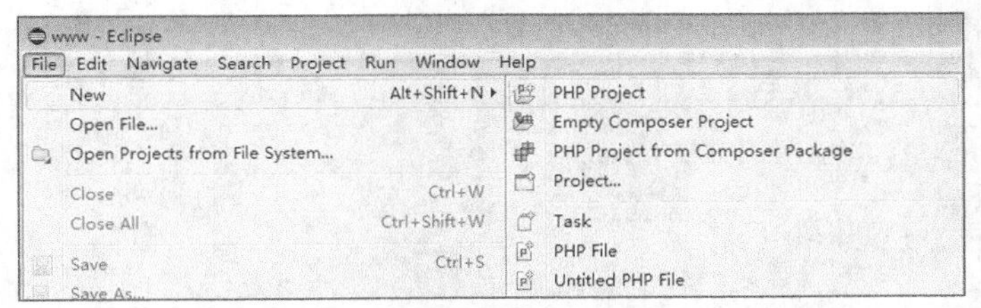

图 2-1　选择新建 PHP 网站的命令

打开图 2-2 所示的新建项目窗口，在“Project name”文本框中输入网站名称“FirstWeb”，然后单击“Finish”按钮。

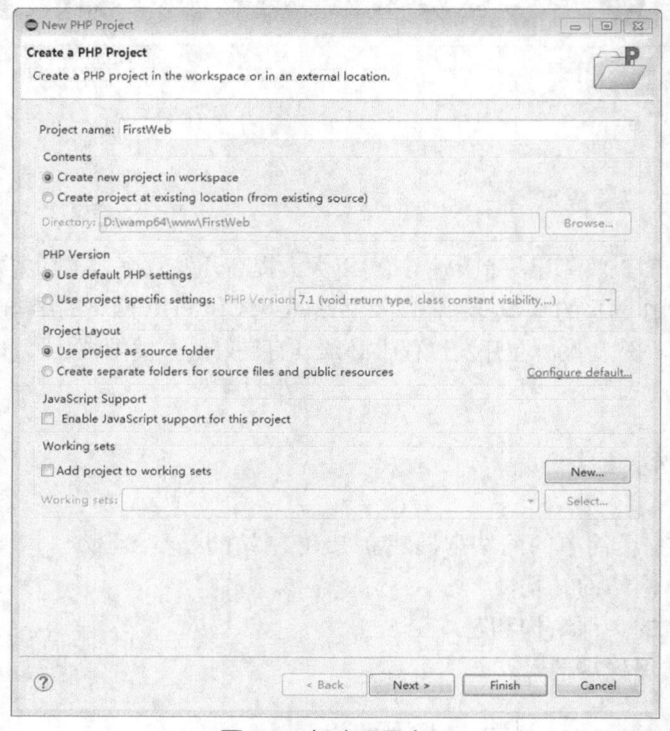

图 2-2 新建项目窗口

此时，网站创建成功，界面如图 2-3 所示。在“Project Explorer”视图窗口中可以看到项目对应的文件夹 FirstWeb，它的名称与网站名称相同。

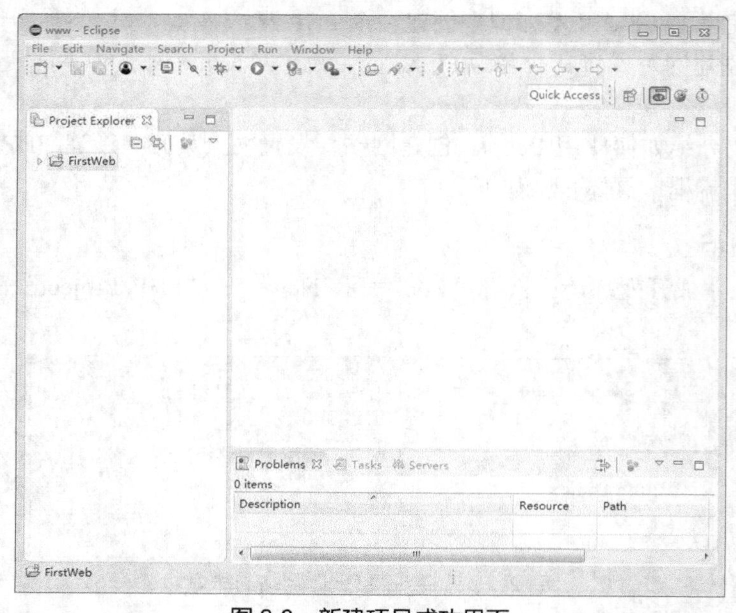

图 2-3 新建项目成功界面

2．设置项目文件编码为 UTF-8

Eclipse 的文件默认采用 GBK 编码，中文字符在网页运行时将显示为乱码。因此，如果项目的页面文件包含中文，其编码就需要设置为 UTF-8，以保证字符能够正常显示。

在“Project Explorer”视图窗口中用鼠标右键单击项目名称 FirstWeb，在弹出的快捷菜单中选择“Properties”命令，如图 2-4 所示。

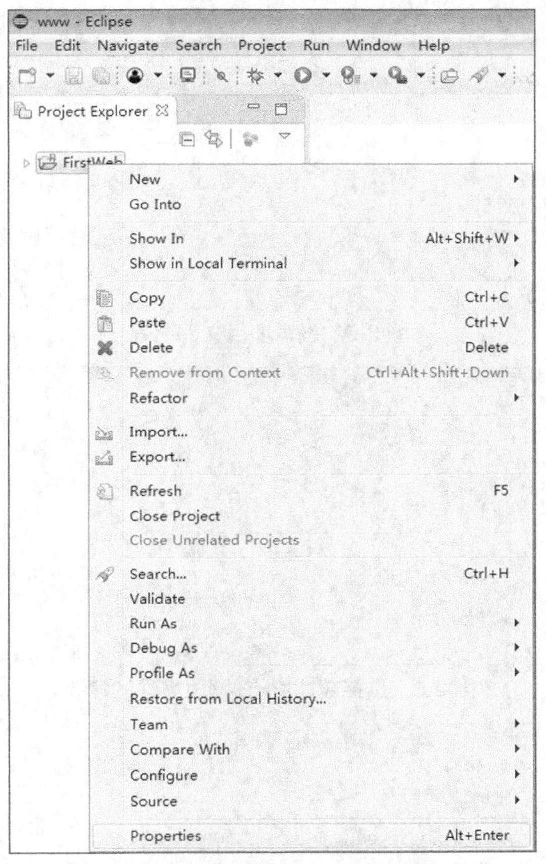

图 2-4　选择“Properties”命令

此时弹出属性窗口，在窗口右侧的“Resource”属性面板中选择“Text file encoding”选项组中的“Other”单选按钮，并在下拉列表中选择“UTF-8”，然后单击“Apply and Close”按钮即可完成设置，如图 2-5 所示。

3．新建 PHP 网页文件

在“Project Explorer”视图窗口中用鼠标右键单击项目名称 FirstWeb，在弹出的快捷菜单中选择“New”→“PHP File”命令，如图 2-6 所示。弹出“New PHP File”窗口，如图 2-7 所示。设置文件名称为“index.php”，然后单击“Finish”按钮，一个新的网页文件 index.php 就成功地添加到了网站中。此时，Eclipse 的代码编辑器中默认打开了刚刚创建的文件让用户编辑代码，如图 2-8 所示。

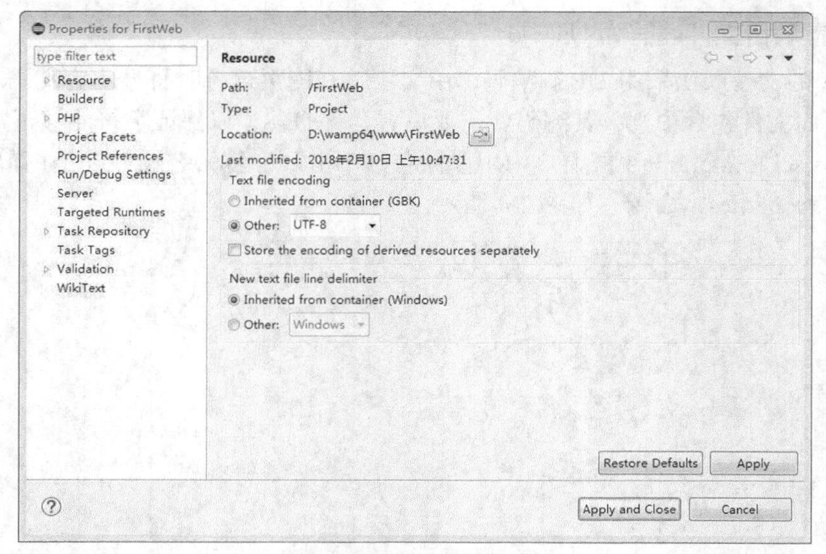

图 2-5　设置项目文件编码

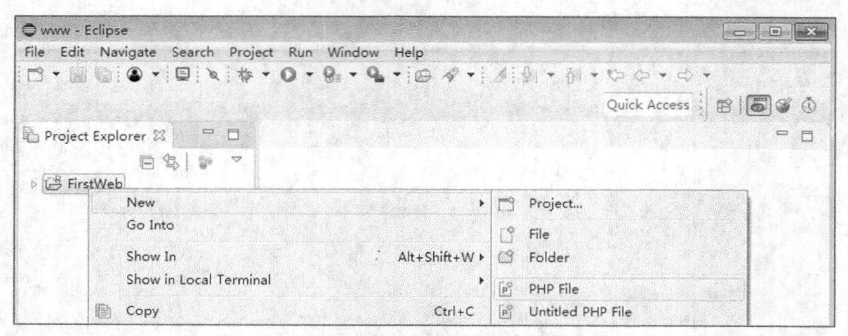

图 2-6　选择新建 PHP 网页文件的命令

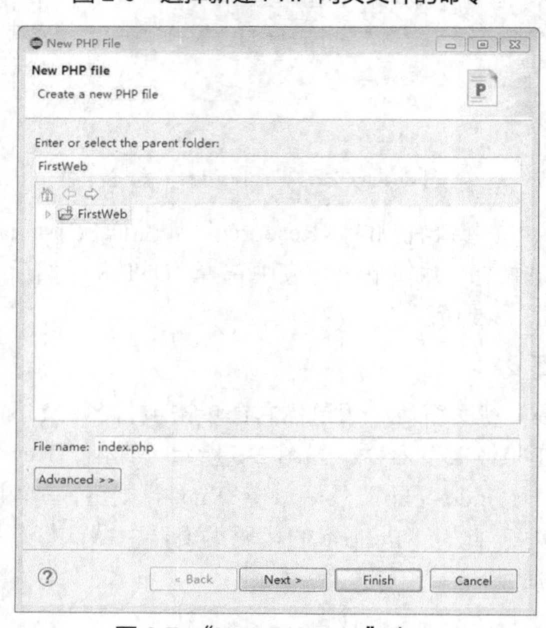

图 2-7　“New PHP File”窗口

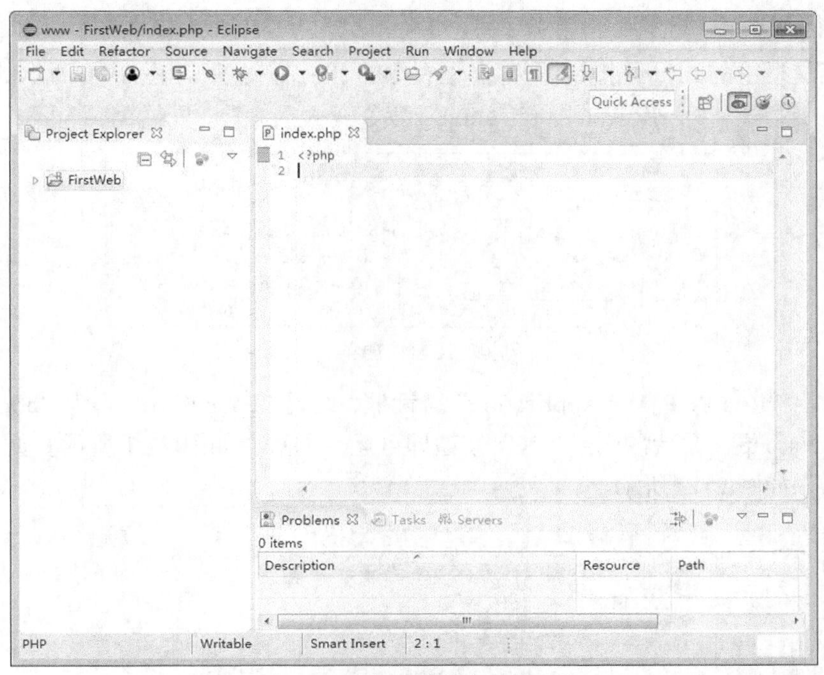

图 2-8　新建网页成功后的界面

4. 编辑网页文件

在代码编辑器中输入图 2-9 所示的代码。其中的代码“echo "你好，欢迎使用 PHP 技术！";”的作用是在网页上输出字符串“你好，欢迎使用 PHP 技术！”。

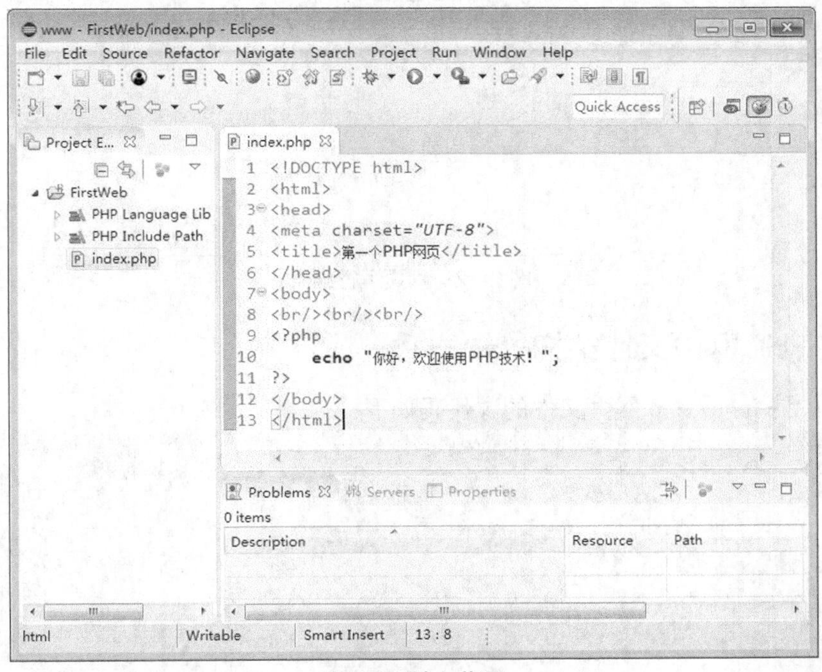

图 2-9　输入代码

5. 运行网页

单击工具栏中的“Run”按钮图标 右侧的下拉箭头，弹出图 2-10 所示的快捷菜单，选择“Run As”→“3 PHP Web Application”命令。

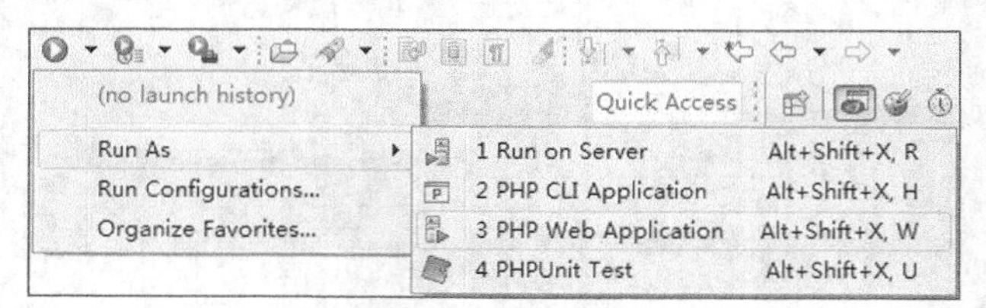

图 2-10　快捷菜单

此时弹出“Run PHP Web Application”对话框，设置“Launch URL”为“http://localhost/FirstWeb/index.php”，然后单击“OK”按钮即可运行网页，如图 2-11 所示。页面在浏览器中的运行结果如图 2-12 所示。

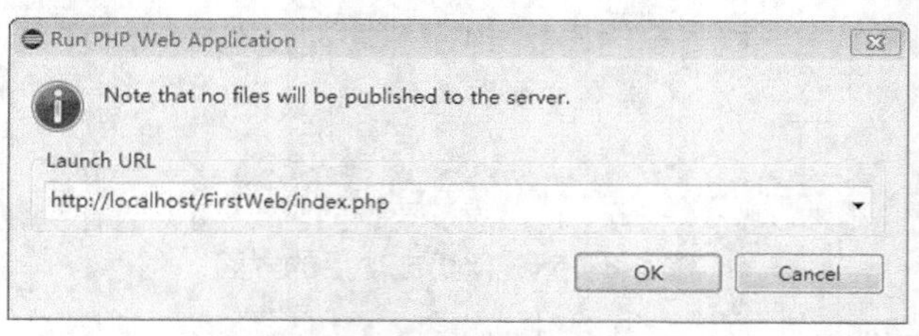

图 2-11　设置网页 URL 地址

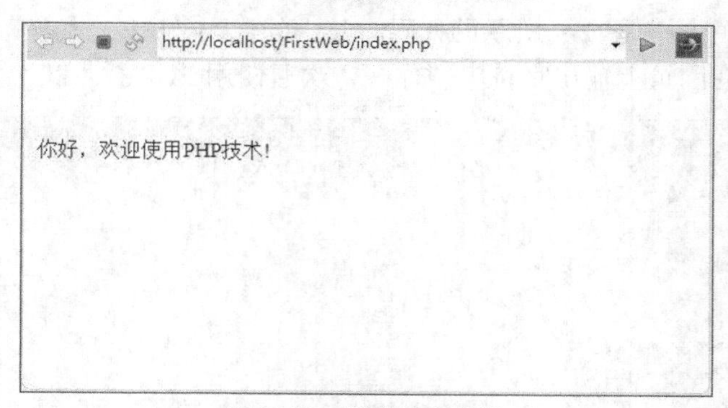

图 2-12　网页运行结果

2.2 PHP 网页文件结构

例 2-1 中的 index.php 网页文件的源代码如下：

```
<!DOCTYPE html>
<html>
<head>
<meta charset="UTF-8">
<title>第一个 PHP 网页</title>
</head>
<body>
```

```
<br/><br/><br/>
<?php
   echo "你好，欢迎使用 PHP 技术！";
?>
</body>
</html>
```

上述代码中，“<?php echo "你好，欢迎使用 PHP 技术！"; ?>”是 PHP 代码，<?php…?>标记界定了 PHP 代码的起止，“echo "你好，欢迎使用 PHP 技术！";”语句的功能就是在网页上输出文本。文件中<?php…?>标记之外的其他内容都是 HTML 代码。

PHP 文件是在 HTML 网页内容的基础上嵌入一定的 PHP 代码来实现一些特定功能的，其扩展名为“.php”。PHP 文件包含文本、HTML、CSS、JavaScript 和 PHP 代码，PHP 代码将在服务器上解析执行，解析为纯 HTML 文本后发送给浏览器。

在学习 PHP 之前，我们需要具备 HTML、CSS 和 JavaScript 语言的基础知识。

2.3 PHP 基本语法

2.3.1 PHP 标记

PHP 解析一个文件时，会在文件中寻找 PHP 起始标记和结束标记，解析其中的代码，而任何起始标记和结束标记之外的部分都会被 PHP 解析器所忽略。PHP 脚本可以放置于文档中的任何位置，可以使用 4 种不同的开始标记和结束标记来标识 PHP 代码。

1. XML 风格

```
<?php
   …
?>
```

这是 PHP 推荐使用的标记风格，它在所有服务器上均可使用。

2. 脚本风格

```
<script language="php">
   …
</script>
```

这种风格的标记也是默认开启的，在所有服务器上均可使用。

3. 短标记

```
<?
   …
?>
```

需要在配置文件 php.ini 中启用 short_open_tage 选项，或者在编译 PHP 时使用了配置选项--enable-short-tags 才能使用该风格。此种风格在许多环境中默认是不支持的，不建议使用。

4. ASP 风格

```
<%
```

```
    ...
%>
```

这种风格在默认情况下是禁用的，需要在配置文件 php.ini 中启用 asp_tag 选项才能使用，移植性较差，不推荐使用。

2.3.2 语句

与 C 或 Perl 语言一样，PHP 语句以分号（;）结束。一段 PHP 代码的结束标记自动隐含一个分号，所以 PHP 代码段的最后一行可以不使用分号。

2.3.3 注释

PHP 代码中的注释不会被作为程序来读取和执行，它的作用是供代码编辑者阅读。开发人员可以使用注释来记录自己写代码时的思路，以便以后维护时快速理解代码；同时，应用程序并不只是写给自己看的，在程序维护过程中，源代码需要被广泛地交流，因此应养成良好的代码注释习惯，这也是一名优秀的开发人员必备的能力之一。代码注释不会浪费开发人员的编程时间，相反，它会提高开发人员的编程效率，使程序更加清晰、友好。

PHP 注释的方式有 3 种，可以采用“//”或“#”进行单行注释，或者采用“/*”分隔符和“*/”分隔符进行多行注释。代码中的“//”或“#”后面的内容以及在“/*”和“*/”分隔符之间的内容都将被编译器忽略。

2.4 小结

本章我们在 Eclipse 开发环境中建立了第一个 PHP 网站，并且编写了第一个 PHP 文件。PHP 文件是在静态 HTML 文件的基础上加入 PHP 代码构成的，推荐使用“<?php”和“?>”标记表示 PHP 代码的起始和结束。编写代码时，良好的开发规范是一个优秀的开发人员必须具备的。

第3章 数据处理

开发一个动态 Web 应用，必须根据用户的需求来实现一系列的页面和功能程序，其中的很大一部分工作就是对数据信息进行各种处理和输出。本章主要介绍使用 PHP 进行数据处理的基础语法。

学习目标

- 掌握 PHP 的基本数据类型
- 掌握 PHP 的数据运算符
- 掌握 PHP 的数据处理流程控制语句
- 熟悉 PHP 编程中函数的概念
- 了解面向对象编程的基本概念

3.1 变量与常量

PHP 使用变量或常量来实现数据在内存中的存储。变量和常量可以视为存储数据的容器，变量存储的数据在程序执行期间可以被程序所改变，而常量存储的数据则是一个固定的值，不能改变。

3.1.1 变量

PHP 中的变量以一个美元符号“$”开始，后面加变量名称来表示。例如，$UserName、$abc、$X 都是合法的 PHP 变量。一个有效的变量名称必须遵循以下规则。

- 以字母或下画线开头。
- 只能包含字母、数字和下画线。其中，数字不能放在开头位置。
- 不要与 PHP 预留的关键字相同。

PHP 变量的名称对大小写敏感。例如，$UserName 与$username 就是两个不同的变量。变量名称可以包含任意数量的字符，但建议不要太长，并且尽量使用具有意义的名称来描述变量，从而提高代码的可读性。例如，$NumOfStudent 用于表示学生人数，$Password 用于存储密码等。这种变量命名方式清晰明了，可以让代码便于理解，从而建立起一致的编程风格。

在 PHP 中不需要使用显式的语法来专门声明变量，变量会在首次赋值时被初始化，也就是说，设置一个变量的值，该语句即同时声明了变量。PHP 是一种“弱类型”的语言，使用变量时并不需要事先声明变量的数据类型，PHP 预处理器会根据变量的值自动地将变量转换成适当的数据类型。

PHP 使用赋值运算符“=”给变量赋值，它提供了两种赋值方式：传值赋值和引用赋值。

1. 传值赋值

传值赋值是指将某一数值赋给某个变量，这个数值既可以是某个确定的数字、字符串，也可以是一个表达式的值，还可以是其他变量的值。例如：

```
<?php
$a = 1;            //为变量$a 分配一个内存空间，保存数字 1
$b= "hello";       //为变量$b 分配一个内存空间，保存字符串 hello
$c =5+6;           //为变量$c 分配一个内存空间，保存表达式 5+6 的值 11
$d = $a;           //为变量$d 分配一个内存空间，把$a 的值赋给$d，$d 将保存数字 1。$d 和$a
                   //实质上是相互独立的，若改变其中一个变量的值，不会影响到另外一个变量
?>
```

2. 引用赋值

除了传值赋值之外，PHP 还提供了另外一种给变量赋值的方式，称为引用赋值，也就是将新的变量简单地引用或指向原始变量。采用这种方式赋值的变量，如果改变新变量的值，则原始变量也相应地发生改变，反之亦然。在原始变量之前加上一个“&”符号表示使用引用赋值。例如：

```
<?php
$b=&$a;        //$b 和$a 将指向同一个内存空间，具有相同的值，改变$b 的值，$a 的值也随之改变，
               //它们互相影响
?>
```

注意

未被初始化的变量具有其类型的默认值。布尔类型的变量默认值是 FALSE，整型和浮点型变量的默认值是零，字符串型变量的默认值是空字符串，数组变量的默认值是空数组。

虽然在 PHP 中并不需要初始化变量，但对变量进行初始化是一个良好的编程习惯。用户可以使用 PHP 的 isset()函数来检查一个变量是否已经被初始化。如果被检查的变量存在并且值不是 NULL，则返回 TRUE，否则返回 FALSE。例如，对于上面示例中已经初始化的变量$a，isset($a)将返回 TRUE。

3.1.2 可变变量

PHP 提供了一种特殊的变量，称为可变变量，它允许人们动态地改变一个变量的名称，即变量名可变。这个特性的工作原理就是用一个变量的值作为另一个变量的名称，语法格式是使用两个美元符号“$$”。

下面是一个可变变量的示例：

```
<?php
```

```
$ProductName = "pen";    //定义一个普通变量$ProductName，值为 pen
$$ProductName=25;        //定义一个可变变量$$ProductName，值为 25
?>
```

对于可变变量$$ProductName，我们可以这样来理解，使用普通变量$ProductName 的值 pen 对其变量名进行取代，代码$$ProductName=25 实际上等价于代码$pen=25。上述代码表示定义了两个变量，$ProductName 的内容是“pen”，$pen 的内容是 25。

3.1.3　常量

常量类似于变量，但是常量只存储唯一的一个值，在程序执行期间，该值不能被改变。常量的命名与变量一样，遵循着同样的命名规则，但是常量名称前面不使用“$”符号。如果常量在定义时没有指定专门的参数，则默认是大小写敏感的。常量的名称通常全部使用大写字母，这样更符合大家的编码习惯。

PHP 使用 define()函数定义常量，基本语法格式如下：

```
define(name,value,case_insensitive)
```

参数说明：

- name：常量的名称，必需。
- value：常量的值，必需。
- case_insensitive：设置常量的名称是否大小写敏感。可设置为 TRUE，表示大小写不敏感；FALSE，表示大小写敏感。该参数可选，默认值是 FALSE。

下面是设置常量的几个示例：

```
<?php
define("PI", 3.14);   //创建一个对名称大小写敏感的常量 PI，其值为数字 3.14
define("GREETING","hello",TRUE);   //创建一个对名称大小写不敏感的常量 GREETING，
    // 其值为字符串 hello
```

【例 3-1】根据圆半径计算圆面积。

本案例主要说明变量和常量的使用，具体步骤如下。

（1）新建网站 DataProcessing，设置项目文件编码为 UTF-8，然后新建网页 CircularArea.php。

（2）编辑网页代码。在 CircularArea.php 网页文件中输入代码，完整的代码如下：

```
<!DOCTYPE html>
<html>
<head>
<meta charset="UTF-8">
<title>计算圆面积</title>
</head>
<body>
<br/><br/><br/>
<?php
    define("PI",3.14159);     //定义常量 PI，赋值为 3.14159
    $radiusOfRound = 8.5;     //定义变量圆半径，并赋值
```

```
    $areaOfRound = $radiusOfRound*radiusOfRound*PI;    //定义变量圆面积，并计算
    echo "圆的面积为：{$areaOfRound}";    //显示圆面积数据
?>
</body>
</html>
```

（3）运行网页，显示结果如图 3-1 所示。

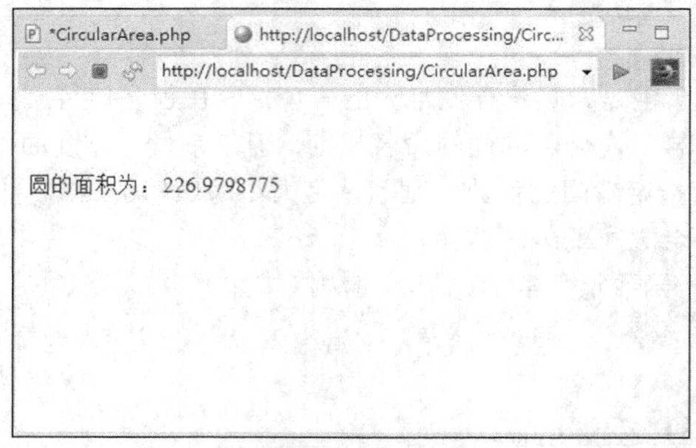

图 3-1　例 3-1 的显示结果

3.1.4　命名规范

1. Pascal 大小写

该规范将标识符的首字母和后面连接的每个单词的首字母都大写。可以对三字符或更多字符的标识符使用 Pascal 大小写，如 BackColor。一般来说，全局变量、类的字段成员、类的成员方法等采用 Pascal 大小写方式。

2. Camel 大小写

该规范将标识符的首字母小写，而后面连接的每个单词的首字母都大写，如例 3-1 中的 radiusOfRound、areaOfRound。一般来说，局部变量采用 Camel 大小写方式。

3.2　数据类型

PHP 支持 9 种原始数据类型，分别如下。

- 4 种标量数据类型：integer（整型）、float（浮点型，也称作 double）、boolean（布尔型）和 string（字符串）。
- 3 种复合类型：array（数组）、object（对象）和 callable（可调用）。
- 2 种特殊类型：resource（资源）和 NULL（空数据）。

下面对常用的数据类型进行详细介绍。

3.2.1　整型

整型数据的值为整数。整数可以使用十进制、十六进制（前缀是 0x）、八进制（前缀是 0）或二进制（前缀是 0b）表示。32 位平台下整数的最大值大约是 20 亿，64 位平台下整数的最大值大约为 9E18。如果一个数的大小超出了这个范围，就会导致溢出，将被解释

为浮点型。下面是一些整数的示例。

```
<?php
$x = 6;          //十进制整数
$x = -345;       //负数
$x = 0x8C;       //十六进制数
$x = 047;        //八进制数
$x = 0b111;      //二进制数
?>
```

3.2.2 浮点型

浮点型也称作浮点数、双精度数或实数，是有小数点或指数形式的数字。由于浮点数的精度有限，所以不能简单地比较两个浮点数是否相等。下面是一些浮点数的示例。

```
<?php
$x = 25.326;
$x = 8.4e6;
$x = 2E-3;
?>
```

3.2.3 布尔型

布尔型用来表示逻辑上的“真”和“假”，只有两种取值：TRUE 或 FALSE。它们不区分大小写，也就是说使用 true 或 false 也是一样的。布尔型常用于条件测试。在 PHP 中，除了布尔值 FALSE 本身之外，下列数值都可以用来表示 FALSE。

- 整数 0。
- 浮点数 0.0。
- 空字符串及字符串“0”。
- 不包括任何元素的数组。
- 特殊类型 NULL，包括尚未赋值的变量。

3.2.4 字符串

字符串由一系列的字符组成，如“hello”。其中，每个字符由一个字节存储，PHP 的字符串最大可以达到 2GB。

使用一对单引号或者一对双引号把一组字符包括起来即可定义一个字符串。例如，‘abc’和“abc”都同样地定义了字符串，但是，两者所定义的字符串在处理转义字符和解析变量方面有很大的不同。

单引号所定义的字符串，对于单引号和反斜线，使用在其前面加个反斜线（\）的方式来进行转义，除此之外的所有其他字符和任何方式的反斜线都将按照原样输出。例如：

```
<?php
echo ' I\'m here.';   //输出 I'm here.
echo ' C:\\*.doc';   //输出 C:\*.doc
echo 'He said,\"Yes!"';   //输出 He said, \"Yes!"
echo ' {$a} is a number.';      //输出{$a} is a number.
?>
```

双引号定义的字符串将对一些特殊的转义字符进行解析，如表 3-1 所示。此外，任何其他字符前的反斜线都将被显示出来。

表 3-1　双引号中的转义字符

转义字符	含　义	转义字符	含　义
\n	换行	\f	换页
\r	回车	\\	反斜线
\t	水平制表符	\"	双引号
\v	垂直制表符	\$	美元标记
\e	Escape		

例如：

```
<?php
echo "I\'m here.";   //输出 I\'m here.
echo "C:\\*.doc";   //输出 C:\*.doc
echo "He said,\"Yes!\"";   //输出 He said, "Yes!"
?>
```

另外，用双引号定义的字符串最重要的特点就是其中的变量会被解析，编程时可以用一对花括号（{}）来明确变量名的界线。例如：

```
<?php
$a=25;
echo "{$a} is a number.";       //输出 25 is a number.
?>
```

字符串可以用“.”（点）运算符连接起来。例如：

```
<?php
echo "Sun"."Earth";        //输出 SunEarth
?>
```

在 Web 应用程序中，开发人员经常需要对字符串进行各种操作，如截取子字符串、计算字符串长度等。对此，PHP 提供了多个函数来实现常用的字符串操作。

1. strlen(string)

strlen(string)函数用于返回字符串的长度，按照字符所占的字节数计算，一个英文字符占 1 个字节，计为 1 个字节长度。一个 UTF-8 的中文字符计为 3 个字节长度，一个 GBK 的中文字符计为 2 个字节长度。例如：

```
<?php
echo strlen("hello,PHP!");        //输出 10
echo strlen("你好,PHP!");          //输出 11，当前文件编码为 UTF-8
echo strlen("你好,PHP!");          //输出 9，当前文件编码为 GBK
?>
```

strlen()函数适于处理英文字符串。对于含有中文字符的字符串来说，它处理的结果根据文件编码的不同而不同，易引起混淆，可以使用下面介绍的mb_strlen()函数来计算。

2. mb_strlen(string, encoding)

mb_strlen(string,encoding)函数用于返回字符串的长度，多字节的字符被计为1。第一个参数string为要计算的字符串，第二个参数encoding为字符编码。例如：

```
<?php
echo mb_strlen("你好,PHP!","UTF-8");        //输出 7
?>
```

3. strpos(string1, string2, offset)

strpos(string1,string2,offset)函数用于检索字符串内指定的字符串首次出现的位置。第一个参数表示被搜索的字符串；第二个参数指定要查找的字符串；第三个参数可选，指定开始搜索的位置。

如果找到匹配，则返回首个匹配的字符位置，需要注意的是，字符串位置从0开始；如果未找到匹配，则返回FALSE。例如：

```
<?php
echo strpos("Good Morning!","Morning");        //输出 5
?>
```

注意

strpos()函数对大小写敏感，如果需要检索不区分大小写的字符串，需要使用 stripos()函数。

4. substr (string, start,length)

substr()函数用于返回字符串的子串。第一个参数指定原字符串；第二个参数指定子字符串开始的位置（注意，字符串的开始位置从0开始），如果是负数；则从原字符串的结尾处向前计位置，第三个参数可选，指定返回的子字符串的长度，如果不指定，则默认返回到字符串的结尾。例如：

```
<?php
echo substr("Good Morning!",5);          //输出：Morning!
echo substr("Good Morning!",5,4);        //输出：Morn
echo substr("Good Morning!",-5);         //输出：ning!
echo substr("Good Morning!",-4,3);       //输出：ing
?>
```

注意

如果原字符串中包含中文字符，使用substr()函数可能返回乱码，此时需要使用mb_substr()函数。

【例3-2】在网页上输出新闻标题，如果标题文字过长（超过10个汉字），则仅显示前10个字，后面跟上省略号（……）。

本案例演示字符串操作函数和连接运算符的使用，具体步骤如下。

（1）在网站DataProcessing下新建网页StrFunc.php，在网页文件中输入代码，完整的代码如下：

```
<!DOCTYPE html>
<html>
<head>
<meta charset="UTF-8">
<title>使用字符串函数</title>
</head>
<body>
<br/><br/><br/>
<?php
$newsTitle="世界睡眠日：规律作息，健康睡眠";      //定义变量新闻标题
$lenOfTitle=mb_strlen($newsTitle,"UTF-8");   //获取新闻标题的字符数
if($lenOfTitle>10)                          //如果字符数超过 10
{
   echo mb_substr($newsTitle,0,10,"UTF-8")."......"; //截取新闻标题的前 10 个字符，
                                                      //后面连接省略号
}
?>
</body>
</html></html>
```

（2）运行网页，结果如图 3-2 所示。

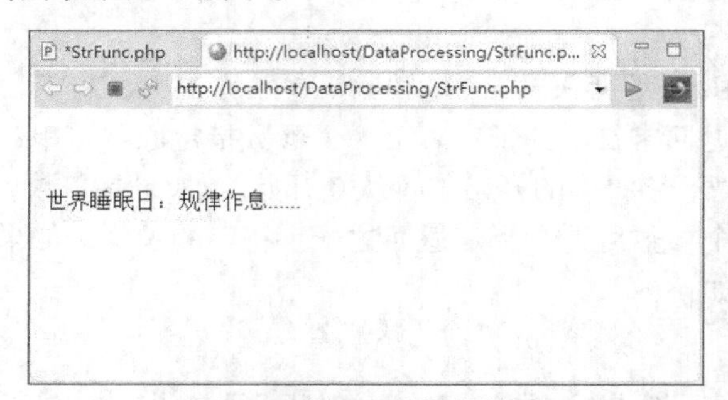

图 3-2　例 3-2 的运行结果

3.2.5　数组

我们在处理批量数据时往往要用到数组，使用数组可以将多个数据关联组织成一个整体来进行有效的管理与使用。它是一种特殊的变量，能够在单一变量中存储一个或多个值。PHP 中的数组实际上是一组有序的数据集合，数组中的每一个数组单元都具有键和值。键用于描述数组单元的标识，可以是数字或字符串。值是数组单元中存储的具体数据，可以是任意的数据类型。我们能够通过键来访问和获取其对应的某个值。

1. 创建数组与访问数组单元

PHP 中的数组可以分为索引数组和关联数组，它们都可以使用 array()函数来创建。自 PHP 5.4 起，可以使用短数组定义语法，即用一对方括号（[]）来替代 array()。

如果需要访问数组单元，使用的语法为数组名称[键名]。

（1）索引数组

索引数组的键是数字。有两种方法可以创建索引数组：一种是自动分配索引，另一种是手动分配索引。

下面的实例创建了一个名为$words的索引数组，自动分配索引。

```
<?php
$words = ["good", "bar", "code", "night"];
?>
```

索引默认从0开始，下一个索引自动加1。可以使用$words[0]、$words[1]、$words[2]和$words[3]分别取得每个数组元素对应的值good、bar、code和night。

下面的实例创建了一个名为$colors的索引数组，手动分配索引。

```
<?php
$colors=array();
$colors[0]="Red";
$colors[1]="Black";
$colors[2]="Green";
?>
```

注意

如果手动定义了两个完全一样的索引，则后一个元素会覆盖前一个元素。

（2）关联数组

关联数组的键是字符串或字符串和数字的混合。与索引数组一样，创建关联数组也有两种方法。

下面的实例使用[]创建了一个名为$price的关联数组。

```
<?php
$price=[
"pen"=>60,
"cup"=>12,
"milk"=>32
];
?>
```

随后可以使用指定的键名来获得各个数组元素。使用$price["pen"]、$price["cup"]和$price["milk"]就可以分别取得各个数组元素对应的值60、12和32。

与索引数组一样，上面的数组也可以用下面的方式创建。

```
<?php
$price=array();
$price ["pen"]=60;
$price ["cup "]=12;
$price ["milk "]=32;
?>
```

其中，键名为可选项。如果没有为给出的值指定键名，PHP会自动将当前的最大整数索引值加上 1 作为新的键名。如果当前还没有整数索引，则键名为 0。

注意

如果在数组定义中有多个单元都使用了同一个键名，则只保留最后一个单元，之前的都会被覆盖。

【例 3-3】 在网页上输出数组元素的值。

本案例演示数组的创建和数组单元的访问，具体步骤如下。

（1）在网站 DataProcessing 下新建网页 Array.php 并输入代码，完整的代码如下：

```
<!DOCTYPE html>
<html>
<head>
<meta charset="UTF-8">
<title>创建数组并在网页上输出各个数组元素的值</title>
</head>
<body>
<?php
//创建数组$student，包含 4 个元素
$student=[
    "studentNo"=>"26013",
    "name"=>"Peter",
    "age"=>12,
    "email"=>"pr@163.com"
];
//输出每个数组元素的值
echo "studentNo: ".$student["studentNo"]."<br/>";
echo "name: ".$student["name"]."<br/>";
echo "age: ".$student["age"]."<br/>";
echo "email: ".$student["email"]."<br/>";
?>
</body>
</html>
```

（2）运行网页，结果如图 3-3 所示。

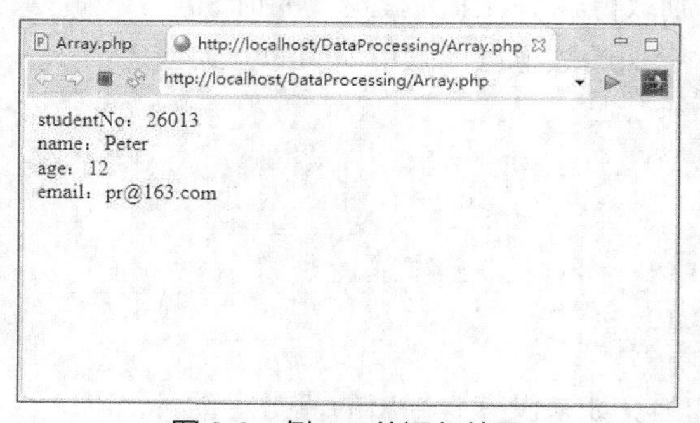

图 3-3　例 3-3 的运行结果

2. 编辑数组

PHP 添加或修改数组元素，是通过在方括号内指定键名给数组元素来实现的。如果键名尚不存在，则将该元素添加到数组中。如果数组中已包含该键名，则修改该键名对应元素的值。

若要删除某个数组元素，对其使用 unset()函数即可。

【例 3-4】修改例 3-3 中创建的数组，然后在网页上输出数组元素的值。

本案例演示如何添加、修改和删除数组元素，具体步骤如下。

（1）在网站 DataProcessing 下新建网页 EditArray.php 并输入代码，完整的代码如下：

```
<!DOCTYPE html>
<html>
<head>
<meta charset="UTF-8">
<title>修改数组</title>
</head>
<body>
<?php
//创建数组$student，包含 4 个元素
$student=[
    "studentNo"=>"26013",
    "name"=>"Peter",
    "age"=>12,
    "email"=>"pr@163.com"
];
//添加一个数组元素
$student["tel"]="26731000";
//修改数组元素的值
$student["age"]=13;
//删除数组元素
unset($student["email"]);
//输出每个数组元素的值
echo "studentNo: ".$student["studentNo"]."<br/>";
echo "name: ".$student["name"]."<br/>";
echo "age: ".$student["age"]."<br/>";
echo "tel: ".$student["tel"]."<br/>";
?>
</body>
</html>
```

（2）运行网页，结果如图 3-4 所示。

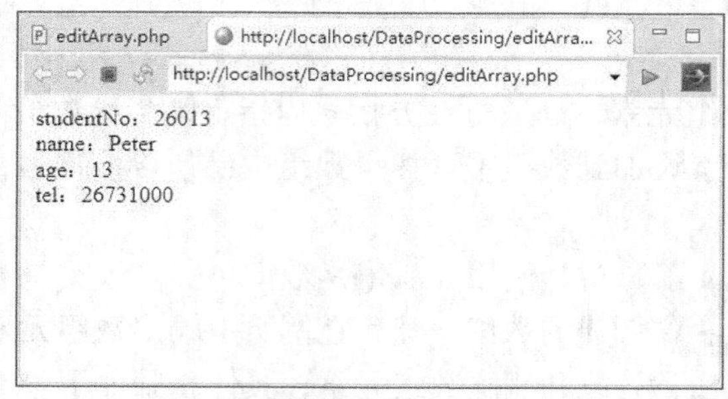

图 3-4　例 3-4 的运行结果

注意

如果不是对某个数组元素而是对数组名称使用 unset() 函数，则将删除整个数组。例如，“unset($student);”表示删除$student 整个数组。

3. 数组的函数

PHP 提供了多个函数专门用于操作数组，下面介绍最为常用的几个数组函数。

- count()：计算数组中的元素个数。
- sort()、rsort()：按照数组元素的值，以升序或降序对数组元素进行排序，排序之后重新建立索引。
- asort()、arsort()：按照数组元素的值，以升序或降序对数组元素进行排序，并且保持数组元素的键/值对应关系不变。
- ksort()、krsort()：按照键名，以升序或降序对数组元素进行排序，并且保持数组元素的键/值对应关系不变。
- list()：把数组中的值赋给一组变量。

【例 3-5】使用数组函数操作数组。

本案例演示如何获取数组元素的个数、对数组进行排序，以及将数组元素的值赋给一组变量，具体步骤如下。

（1）在网站 DataProcessing 下新建网页 ArrayFunc.php 并输入代码，完整的代码如下：

```
<!DOCTYPE html>
<html>
<head>
<meta charset="UTF-8">
<title>常用数组函数</title>
</head>
<body>
<?php
//创建数组$drinks
$drinks=[
    "Jack"=>"milk",
    "Sam"=>"juice",
    "Ann"=>"tea",
```

```
    "Lin"=>"coffee"
];

//输出$drinks 数组的元素个数
echo '$drinks 数组有'.count($drinks).'个元素。<br/>';

//输出$drinks 数组
echo '<br/>输出$drinks 数组：<br/>';
var_dump($drinks);

//使用 asort()函数对$drinks 数组进行排序
echo '<br/><br/>对$drinks 数组排序(asort())，按照元素的值升序排列，键/值对应关系不变
<br/>';
asort($drinks);
var_dump($drinks);

//使用 ksort()函数对$drinks 数组进行排序
echo '<br/><br/>对$drinks 数组排序(ksort())，按照键名升序排列，键/值对应关系不变
<br/>';
ksort($drinks);
var_dump($drinks);

//使用 sort()函数对$drinks 数组进行排序
echo '<br/><br/>对$drinks 数组排序(sort())，按照元素的值升序排列，重新建立索引<br/>';
sort($drinks);
var_dump($drinks);

//把$drinks 数组中的值分别赋给一组变量$d1、$d2、$d3、$d4
list($d1,$d2,$d3,$d4)=$drinks;
echo "<br/><br/>They like {$d1}, {$d2}, {$d3} and {$d4}.";
?>
</body>
</html>
```

（2）运行网页，结果如图 3-5 所示。

本例中使用了 var_dump()函数来输出数组。var_dump()函数常用于代码调试，它可以显示变量或表达式的结构信息，包括它们的数据类型与值。例如，假设程序中初始化了一个变量$a="hello"，使用“var_dump($a);”来输出变量$a 的信息，将显示“string(5) "hello"”。前面的 string(5) 表示这是一个字符串，长度为 5，后面的"hello"是变量的值。

使用 var_dump()函数输出数组时，首先会输出数组元素的个数，然后依次输出每个数组元素的键名、数据类型和值。例如，对于数组$a=[26,3.1,"good"]，使用 var_dump($a)输

出，将会显示 array(3) { [0]=> int(26) [1]=> float(3.1) [2]=> string(4) "good" }。

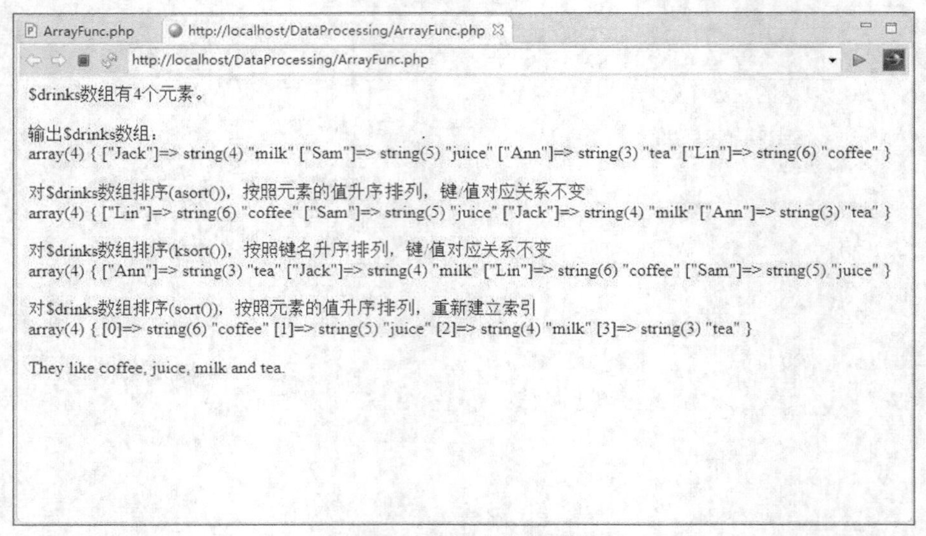

图 3-5　例 3-5 的运行结果

本例中分别使用了 asort()、ksort()和 sort()函数对数组进行排序，从输出的结果可以看出它们的区别。asort()和 ksort()函数分别依据元素的值和键名来排序，排序完成以后，每个元素原来的键名和值的对应关系是不变的。而 sort()函数则不同，它将数组元素按照值排序以后，原来的键名全部被清空，重新建立数组的索引。

3.2.6　对象

对象是存储数据和有关如何处理数据信息的数据类型，它是面向对象编程的基本单位。在 PHP 中必须明确地声明对象，而在定义对象之前首先必须声明对象的类。类是包含常量、变量和函数的结构。其中的常量、变量被称为“属性”，函数被称为“方法”。类支持继承机制。通过继承、派生可以扩展类的数据成员和函数方法，进而达到代码重用和设计重用的目的。

PHP 使用 class 关键字来声明类。每个类的定义都以关键字 class 开头，后面跟着类名，接下来是由一对花括号（{}）包含的类的属性与方法的定义。

下面的代码声明了一个名为 MyClass 的类。

```
<?php
class MyClass
{
    //声明属性


//声明方法


}
?>
```

使用 new 关键字加类名就可以实例化一个类来创建一个新的对象。

3.2.7 NULL

NULL 数据类型只有一个值，就是不区分大小写的常量 NULL，它表示一个变量没有值。

在下列情况下，变量被认为是 NULL：

- 被赋值为 NULL；
- 尚未被赋值；
- 对变量使用了 unset()函数。

可以通过把一个变量的值设置为 NULL 来清空变量，例如下面的代码：

```
<?php
$x="Hello world!";
$x=NULL;      //变量$x 被清空
?>
```

3.2.8 数据类型检查

可以使用 is_type()函数来检查变量是否为某种数据类型。PHP 提供了各种数据类型的检查函数。

- is_int()、is_integer()、is_long()：检查变量是否为整数。
- is_float()、is_real()、is_double()：检查变量是否为浮点数。
- is_string()：检查变量是否为字符串。
- is_bool()：检查变量是否为布尔型。
- is_array()：检查变量是否为数组。
- is_object()：检查变量是否为对象类型。
- is_null：检查变量是否为 NULL。
- is_numeric()：检查变量是否为数字或数字字符串。

以下是一些示例。

```
<?php
$a ="123";
is_int($a);    //返回 FALSE
is_ string ($a);    //返回 TRUE
is_ numeric ($a);    //返回 TRUE
is_ null ($a);    //返回 FALSE
?>
```

注意

如果只是想在程序的调试过程中查看某个变量的值和类型，那么使用前面介绍的 var_dump()函数将更为便捷。

3.2.9 数据类型转换

PHP 在定义变量时并不需要明确地声明数据类型，变量的数据类型将根据赋给变量的值来决定。也就是说，如果把一个字符串赋给一个变量，该变量就成为字符串类型，之后如果又把一个整数赋给它，那它就成了一个整型。PHP 会完成自动类型转换。例如：

```
<?php
$x = "hello";    //$x 是字符串
$x = 20;         //$x 现在是一个整数
$x =56.18;       //$x 现在是一个浮点数
?>
```

如果需要将一个变量强制当作某种类型来求值，可以进行强制类型转换。PHP 提供了 3 种方法来实现强制类型转换。

1. 强制类型转换运算符

与 C 语言类似，PHP 可以使用强制类型转换运算符“()”来转换数据类型，在要转换的变量之前加上用括号包含起来的目标类型即可。下面的代码可将变量$x 转换成布尔型。

```
<?php
$x = 10;   //$x 是一个整数
$y = (boolean) $x;   //$y 是一个布尔型，值为 TRUE
?>
```

允许的强制类型转换有以下几种。

- (int)、(integer)：转换为整型。
- (bool)、(boolean)：转换为布尔类型。
- (float)、(double)、(real)：转换为浮点型。
- (string)：转换为字符串。
- (array)：转换为数组。
- (object)：转换为对象。
- (unset)：转换为 NULL。
- (binary)：转换为二进制字符串。

2. 数据类型转换函数

除了强制类型转换运算符之外，PHP 提供了几个数据类型转换函数，intval()、floatval()、strval()和 boolval()分别用于将数据类型转换成整型、浮点型、字符串和布尔型。下面的代码说明数据类型转换函数的使用及其结果。

```
<?php
$a="123.9abc";
$int=intval($a);          //转换后为整数 123
$float=floatval($a);      //转换后为浮点数 123.9
$str=strval($float);      //转换后为字符串“123.9”
$bool =boolval($str);     //转换后为布尔值 TRUE
?>
```

3. settype()函数

使用 settype()函数可以将指定的变量转换成指定的数据类型，语法如下：

```
settype(var,type)
```

参数 var 为指定的变量。参数 type 为转换后的数据类型，有 7 个可选值，即 boolean、float、integer、array、null、object 和 string。如果转换成功，则 setype()函数返回 TRUE，否则返回 FALSE。下面的代码将变量由浮点型转换为整型。

```
<?php
$num=12.8;
settype($num,"int");      //将变量$num 转换为整型，其值为 12
?>
```

PHP 的数据类型转换具有以下特点。

- 当整数或浮点数转换为字符串时，数字将作为字符串的值。
- 当布尔型转换为字符串时，布尔值的 TRUE 将转换成字符串“1”，FALSE 将转换成“”（空字符串）。
- 当字符串转换为整型或浮点型时，如果该字符串以合法的数值开始，则使用该数值作为转换后的值，否则其值为 0。合法的数值是指由可选的正负号、一个或多个数字（可能有小数点）及可选的指数部分组成，其中的指数部分由“e”或“E”后面跟着一个或多个数字构成。
- 当浮点数转换成整数时，将向下取整。

【例 3-6】转换数据类型。

本案例演示强制类型转换运算符和数据类型转换函数的使用，具体步骤如下。

（1）在网站 DataProcessing 下新建网页 TypeConversion.php 并输入代码，完整的代码如下：

```
<!DOCTYPE html>
<html>
<head>
<meta charset="UTF-8">
<title>数据类型转换</title>
</head>
<body>
<?php
$a='8.76abc';    //定义字符串变量$a
echo '原始变量$a 为: ';
var_dump($a);

$b=(int)$a;      //将$a 转换为整数，赋值给变量$b
echo '<br/><br/>$a 使用(int)运算符后，赋值给$b。$a 为: ';
var_dump($a);
echo ', $b 为: ';
var_dump($b);

$c=floatval($a);    //将$a 转换为浮点数，赋值给变量$c
```

```
echo '<br/><br/>$a 使用 floatval()转换函数后，赋值给$c。$a 为：';
var_dump($a);
echo '，$c 为：';
var_dump($c);

$d=settype($a,'integer');  //使用 settype()函数将变量$a 转换为整数，并返回转换是否成功
echo '<br/><br/>$a 使用 settype()函数后，赋值给$d。$a 为：';
var_dump($a);
echo '，$d 为：';
var_dump($d);
?>
</body>
</html>
```

（2）运行网页，结果如图 3-6 所示。

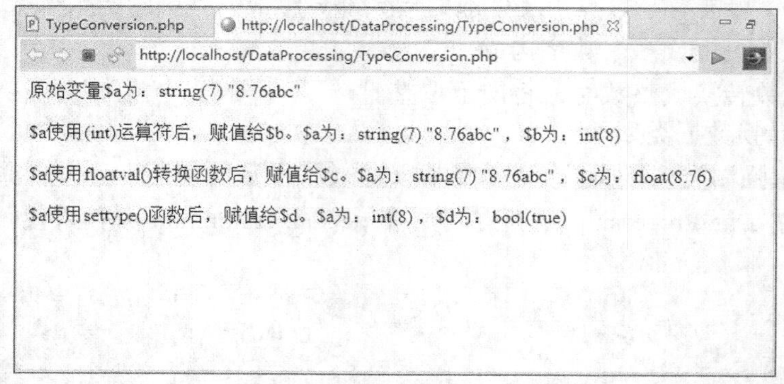

图 3-6　例 3-6 的运行结果

上面的案例中分别使用了强制类型转换运算符(int)、数据类型转换函数 floatval()及 settype()函数 3 种方法来实现数据类型转换。可以看到，使用强制类型转换运算符和数据类型转换函数 floatval()都能够输出转换后的变量类型，并且原变量不发生任何变化。而 settype()函数则是直接改变了原变量的数据类型，返回的是表示转换是否成功的 true 或 false。因此，在实际应用中需要根据程序的需求合理地选择转换方式。

3.3 运算符

表达式是 PHP 最重要的基石。在 PHP 中，几乎任何代码都可以看成是由表达式组成的。表达式由操作数和运算符来构造，表达式的运算符指示对操作数采取哪种操作。运算符包括+、-、*、/和 new 等，操作数包括数字、变量和表达式等。

如果按照操作数的数量来给运算符分组，则有 3 种类型的运算符，分别是一元运算符、二元运算符和三元运算符。一元运算符有一个操作数，并且使用前缀符号（如--x）或者使用后缀符号（如 x++）；二元运算符有两个操作数，并且使用中间符号（如 x+y），大多数 PHP 运算符都属于这一种；三元运算符有 3 个操作数，并且使用中间符号。PHP 只有一个

三元运算符“? :”(如 c?x:y)。

1. 算术运算符

算术运算符主要用于整数和实数的算术运算。PHP 的算术运算符如表 3-2 所示。

表 3-2 算术运算符

算术运算符	名 称	示 例	说 明
-	取负	-$a	$a 的负值
+	加法	$a + $b	$a 和$b 的和
-	减法	$a - $b	$a 和$b 的差
*	乘法	$a * $b	$a 和$b 的积
/	除法	$a / $b	$a 除以$b 的商
%	取模	$a % $b	$a 除以$b 的余数
**	幂运算	$a ** $b	$a 的$b 次方

2. 赋值运算符

赋值就是给一个变量传一个新的值。在 PHP 中，赋值分为简单赋值和组合赋值两大类。运算符“=”是简单赋值运算符；组合赋值运算符包括+=、-=等，如表 3-3 所示。

表 3-3 赋值运算符

赋值运算符	名 称	示 例	等同于	说 明
=	赋值	$a = $b	$a = $b	将右侧表达式的值赋给左侧运算数
+=	加法赋值	$a += $b	$a = $a + $b	相加
-=	减法赋值	$a -= $b	$a = $a - $b	相减
*=	乘法赋值	$a *= $b	$a = $a * $b	相乘
/=	除法赋值	$a /= $b	$a = $a / $b	相除
%=	取模赋值	$a %= $b	$a = $a % $b	求模

3. 字符串运算符

PHP 有两个字符串运算符，如表 3-4 所示。

表 3-4 字符串运算符

字符串运算符	名 称	示 例	说 明
.	连接	$a . $b	返回左、右参数连接后的字符串
.=	连接赋值	$a .= $b	将右侧参数连接到左侧参数的后面

4. 递增／递减运算符

PHP 支持 C 语言风格的前／后递增与递减运算符，如表 3-5 所示。

表 3-5　递增／递减运算符

递增／递减运算符	名　称	说　明
++$a	前递增	$a 的值加 1，然后返回$a
$a++	后递增	返回$a，然后将$a 的值加 1
--$a	前递减	$a 的值减 1，然后返回$a
$a--	后递减	返回$a，然后将$a 的值减 1

5. 比较运算符

比较运算符允许对两个值进行比较。PHP 的比较运算符如表 3-6 所示。

表 3-6　比较运算符

比较运算符	名　称	示　例	说　明
==	等于	$a == $b	如果$a 等于$b，则返回 TRUE
===	全等	$a === $b	如果$a 等于$b，并且它们的类型也相同，则返回 TRUE
!=	不等	$a != $b	如果$a 不等于$b，则返回 TRUE
<>	不等	$a <> $b	如果$a 不等于$b，则返回 TRUE
!==	不全等	$a !== $b	如果$a 不等于$b，或者它们的类型不相同，则返回 TRUE
<	小于	$a < $b	如果$a 小于$b，则返回 TRUE
>	大于	$a > $b	如果$a 大于$b，则返回 TRUE
<=	小于或等于	$a <= $b	如果$a 小于或等于$b，则返回 TRUE
>=	大于或等于	$a >= $b	如果$a 大于或等于$b，则返回 TRUE
<=>	太空船运算符（组合比较符）	$a <=> $b	当$a 小于、等于或者大于$b 时，分别返回一个小于、等于或者大于 0 的整数值
?? …??	NULL 合并操作符	$a ?? $b ?? $c	返回从左到右第一个存在且不为 NULL 的操作数。如果都没有定义或不为 NULL，则返回 NULL

注意

如果比较一个数字和字符串，或者比较涉及数字内容的字符串，PHP 会将字符串转换为数值，然后按照数值来进行比较。

6. 逻辑运算符

PHP 提供的逻辑运算符有 6 个。其中，逻辑非是一元运算符，只要求一个操作数，其他都是二元运算符，要求有两个操作数。表 3-7 列出了 PHP 的逻辑运算符。

表 3-7 逻辑运算符

逻辑运算符	名称	示例	说明
and	与	$a and $b	如果$a 和$b 都为 TRUE，则返回 TRUE
or	或	$a or $b	如果$a 和$b 中的任意一个为 TRUE，则返回 TRUE
xor	异或	$a xor $b	如果$a 和$b 有且仅有一个为 TRUE，则返回 TRUE
!	非	! $a	如果$a 不为 TRUE，则返回 TRUE
&&	与	$a && $b	如果$a 和$b 都为 TRUE，则返回 TRUE
||	或	$a || $b	如果$a 和$b 任意一个为 TRUE，则返回 TRUE

“与”和“或”都有两种不同形式的运算符，这两种形式具有不同的运算优先级。

7．数组运算符

PHP 的数组运算符用于比较数组，如表 3-8 所示。

表 3-8 数组运算符

数组运算符	名称	示例	说明
+	联合	$a + $b	把右边的数组元素附加到左边的数组后面，对于两个数组中都有的键名，保留左边数组中的，右边的被忽略
==	相等	$a == $b	如果$a 和$b 具有相同的键 / 值对，则返回 TRUE
===	全等	$a === $b	如果$a 和$b 具有相同的键 / 值对，并且顺序和类型都相同，则为返回 TRUE
!=	不等	$a != $b	如果$a 不等于$b，则返回 TRUE
<>	不等	$a <> $b	如果$a 不等于$b，则返回 TRUE
!==	不全等	$a !== $b	如果$a 不全等于$b，则返回 TRUE

8．运算符的优先级

如果一个表达式中包含了多个不同的运算符，那么运算符的优先级将决定运算的先后顺序。表 3-9 按照优先级从高到低的顺序列出了运算符。同一行中的运算符具有相同的优先级，此时它们的求值顺序由结合方向决定。

表 3-9 运算符从高到低的优先级顺序

类别	运算符	结合方向
初级运算符	clone new	无
类型和递增 / 递减运算符	++ -- (int) (float) (string) (array) (object) (bool)	右
逻辑非运算符	!	右
算术运算符	* / %	左
算术运算符、字符串运算符	+ – .	左

续表

类　别	运　算　符	结合方向
比较运算符	<　<=　>　>=	无
比较运算符	==　!=　===　!==　<>　<=>	无
逻辑与运算符	&&	左
逻辑或运算符	||	左
比较运算符	??	左
条件运算符	? :	左
赋值运算符	=　+=　-=　*=　/=　.=　%=　<<=　>>=　&=　^=　|=	右
逻辑与运算符	and	左
逻辑异或运算符	xor	左
逻辑或运算符	or	左

当一个操作数出现在两个有相同优先级的运算符之间时，操作按照出现的顺序由左至右执行。左结合（left-associative）的运算符，操作按照从左向右的顺序执行，例如，x+y+z 按(x+y)+z 进行求值。右结合（right-associative）的运算符，操作按照从右向左的顺序执行，例如，x=y=z 按照 x=(y=z)进行求值。

写表达式的时候，如果无法确定运算符的有效顺序，则应尽量采用括号来保证运算的顺序，这样可使程序一目了然，增强代码的可读性。

3.4 流程控制语句

PHP 脚本是由一系列语句构成的。默认情况下，它们按照编写的前后顺序一句一句地解释执行。许多时候需要改变程序代码运行的顺序，或者选择某些语句运行，又或者重复执行某些语句，这时就要用到流程控制语句。PHP 的流程控制语句分为条件语句、循环语句和跳转语句几类，下面分别进行介绍。

3.4.1 条件语句

当程序需要进行两个或两个以上的选择时，可以根据条件来判断并选择将要执行的一组语句。PHP 提供的条件语句有 if 语句和 switch 语句。

1. if 语句

if 语句依据括号中的布尔表达式来选择代码片段执行。PHP 的 if 语句和 C 语言相似，其最简单的格式如下：

```
<?php
if (条件)
    语句
?>
```

首先对 if 语句括号中的条件表达式求值，如果值为 TRUE，则执行后面的语句，如果值为 FALSE，则忽略该语句。例如：

```
<?php
if ($a > 0)
echo "a大于0";
?>
```

上述代码表示，如果$a 的值大于数字 0，则输出字符串"a 大于 0"。

如果需要按照条件执行的语句不止一条，可以用花括号将一组语句封装成一个语句块。语句块可以被看作一行语句来处理。例如：

```
<?php
if ($a > 0) {
    echo "a大于0 ";
    $b = $a;
}
?>
```

上述代码表示，如果$a 的值大于 0，则显示字符串"a 大于 0"，并且将$a 的值赋给$b。

此外，if 语句还可以无限层次地嵌套在其他 if 语句中。

若需要在满足某个条件时执行一组语句，而在不满足该条件时执行其他语句，可以使用 else 语句来表示，格式如下：

```
<?php
if (条件){
    语句块
}
else{
    语句块
}
?>
```

else 延伸了 if 语句，可以在 if 语句的表达式的值为 FALSE 时执行。例如，以下代码在$a 大于 0 时显示"a 大于 0"，反之则显示"a 不满足要求"。

```
<?php
if ($a > 0) {
    echo " a大于0";
}
else {
    echo "a不满足要求";
}
?>
```

如果还有更多的条件选择，则使用 elseif 语句来实现，当 elseif 条件表达式的值为 TRUE 时执行。例如，以下代码将根据条件分别显示"a 大于 0""a 等于 0"或者"a 小于 0"。

```
<?php
if ($a > 0) {
```

```
    echo " a大于0";
}
elseif ($a == 0) {
    echo " a等于0";
}
 else {
    echo " a小于0";
}
?>
```

一个 if 语句中可以有多个 elseif 来构成多重分支结构，程序根据条件表达式的值来执行其中满足条件的那一个程序分支。

【例 3-7】使用 if 语句。

本案例主要说明条件分支 if 语句的用法。根据当前时间的小时值，输出对应的欢迎语，具体步骤如下。

在网站 DataProcessing 下新建网页 IfExample.php 并输入代码，完整的代码如下：

```
<!DOCTYPE html>
<html>
<head>
<meta charset="UTF-8">
<title>if语句的使用</title>
</head>
<body>
<?php
date_default_timezone_set('PRC');  //设置默认时区为北京时间
$hour = date("H");    //定义小时变量$hour，赋值为当前时间的小时值
if ($hour >= 0 && $hour < 7)
{//如果小时值为0~7（不包含）
    echo "{$hour}点，夜间，好好休息";
}
elseif ($hour >= 7 && $hour < 12)
{//如果小时值为7~12（不包含）
    echo "{$hour}点，上午好！";
}
elseif ($hour >= 12 && $hour < 14)
{//如果小时值为12~14（不包含）
    echo "{$hour}点，午餐与休息";
}
elseif ($hour >= 14 && $hour < 18)
{//如果小时值为14~18（不包含）
    echo "{$hour}点，下午好！";
```

```
}
elseif ($hour >= 18 && $hour < 24)
{//如果小时值为18~24（不包含）
    echo "{$hour}点，晚上好！";
}
else    //如果小时值不在上述范围，输出“错误的数据”
    echo "错误的数据";
?>
</body>
</html>
```

程序输出结果如图 3-7 所示。

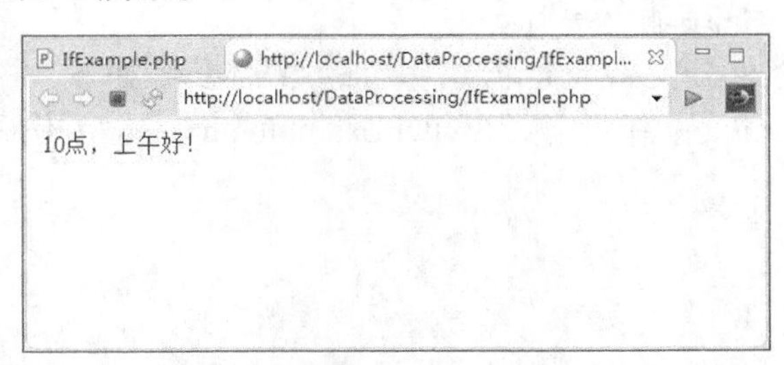

图 3-7　例 3-7 的输出结果

图 3-7 中的程序将会依据当前时间的具体情况显示不同的内容。

2. switch 语句

switch 语句同样可以构成分支结构，一般用于构成多重分支。如果要把一个变量表达式与许多不同的值进行比较，并根据不同的比较结果执行不同的程序段，那么使用 switch 语句实现非常方便。switch 语句的格式如下：

```
switch(表达式)
{
    case 表达式1:
        语句块;
        break;
    case 表达式2:
        语句块;
        break;
        …
    case 表达式n
        语句块;
        break;
    default:
        语句块;
}
```

每一个 switch 语句最多只能有一个 default 分支。

switch 语句首先计算出 switch 表达式的值，然后依次检查 case 分支语句，当一个 case 分支表达式的值和 switch 表达式的值匹配时，那么程序进入这个 case 标号后的语句块中执行。如果该语句块的尾部没有 break 语句，则 PHP 将继续执行下一个 case 中的语句段。

如果switch表达式的值无法与switch语句中任何一个case表达式的值匹配，而且switch语句中有 default 分支，则程序会跳转到 default 后的语句块中执行；如果 switch 表达式的值无法与 switch 语句中任何一个 case 表达式的值匹配，而且 switch 语句中没有 default 分支，则程序会跳转到 switch 语句的结尾。

case 表达式可以是常量或任何求值为简单类型的表达式，即可为整型、浮点数及字符串。case 后的语句可以为空，此时将会转移到下一个 case 后的语句执行。

【例 3-8】根据学生成绩输出评语。

本案例主要说明条件分支 switch 语句的用法，具体步骤如下。

在网站 DataProcessing 下新建网页 SwitchExample.php 并输入代码，完整的代码如下：

```
<!DOCTYPE html>
<html>
<head>
<meta charset="UTF-8">
<title>switch 语句的使用</title>
</head>
<body>
<?php
$score = 95;    //定义学生成绩变量$score，并赋值
$flag = intval($score / 10);  //将成绩转换为离散的整数值
switch ($flag)
{
   case 9:
   case 10:
      echo "你的成绩是：优秀";
      break;
   case 8:
      echo "你的成绩是：良好";
      break;
   case 7:
      echo "你的成绩是：中等";
      break;
   case 6:
      echo "你的成绩是：及格";
      break;
   case 0:
   case 1:
```

```
    case 2:
    case 3:
    case 4:
    case 5:
        echo "你的成绩是：不及格";
        break;
    default:
        echo "错误的数据";
        break;
}
?>
</body>
</html>
```

程序输出结果如图 3-8 所示。

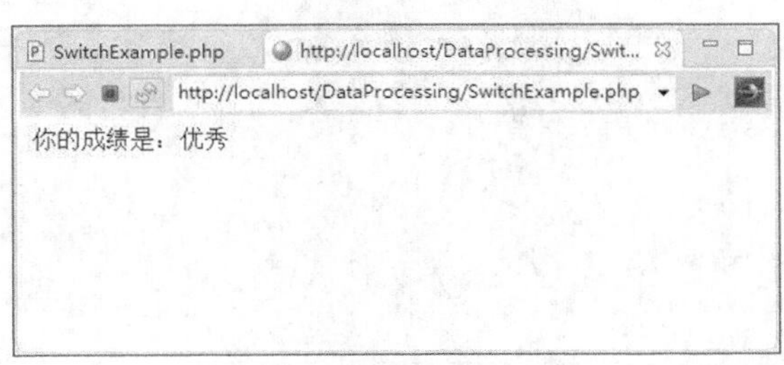

图 3-8 例 3-8 的输出结果

3.4.2 循环语句

循环语句是用于重复执行的一组语句。PHP 中提供了 4 种循环语句：while 循环、do-while 循环、for 循环及 foreach 循环。

1. while 循环

while 循环是 PHP 中最简单的循环类型，它和 C 语言中的 while 用法相同。语法格式为：

```
while（布尔表达式）
{
    循环体；
}
```

当布尔表达式的值为 TRUE 时重复执行循环体中的代码，当布尔表达式的值为 FALSE 时跳出循环体停止循环。while 语句先判断条件，然后决定是否执行循环体中的代码。

【例 3-9】 计算 1 ~ 100 的和。

本案例主要说明 while 循环语句的用法。程序首先判断循环条件 i<=100 是否成立，如果成立，则执行循环体中的语句，做累加计算，每次执行前检查一下循环语句后面的条件，如果条件不成立就退出循环，具体步骤如下。

在网站 DataProcessing 下新建网页 WhileExample.php 并输入代码，完整的代码如下：

```
<!DOCTYPE html>
<html>
<head>
<meta charset="UTF-8">
<title>使用 while 循环</title>
</head>
<body>
<?php
$i = 1;  //循环初值为 1
$sum = 0;  //和的初值为 0
while ($i <= 100)
{
    $sum += $i;
    $i++;
}
echo "1～100 的和为：{$sum}";
?>
</body>
</html>
```

程序输出结果如图 3-9 所示。

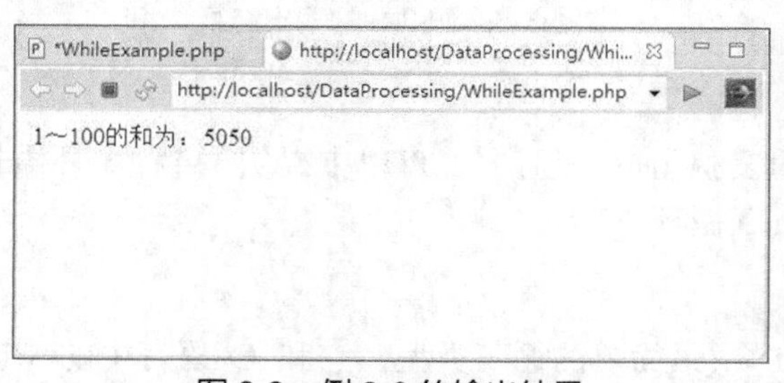

图 3-9　例 3-9 的输出结果

2．do-while 循环

do-while 循环的语法格式为：

```
do
{
    循环体
}while(布尔表达式)
```

do-while 循环语句重复执行一个语句或语句块，直到指定的布尔表达式的值为 FALSE 为止。它和 while 循环语句的区别是，do-while 循环语句是先执行循环体代码，然后在每次循环结束时检查条件，以决定是否继续执行。也就是说，无论布尔表达式的值为 TRUE 或 FALSE，循环体中的代码至少会被执行一次。

【例 3-10】用 do-while 循环计算 1 ~ 100 的和。

本案例主要说明 do-while 循环语句的用法，具体步骤如下。

在网站 DataProcessing 下新建网页 DowhileExample.php 并输入代码，完整的代码如下：

```
<!DOCTYPE html>
<html>
<head>
<meta charset="UTF-8">
<title>使用 do-while 循环</title>
</head>
<body>
<?php
$i = 1;  //循环初值为 1
$sum = 0;  //和的初值为 0
do
{
    $sum += $i;
    $i++;
}while ($i <= 100);
echo "1 ~ 100 的和为: {$sum}";
?>
</body>
</html>
```

程序一直执行循环体的语句，直到 while 后面的条件不成立为止。当 i 等于 101 的时候，条件不成立，自动退出循环。程序运行结果和例 3-9 的相同。

3. for 循环

for 循环是循环类型中最复杂的，但也是最常用的。PHP 中的 for 循环和 C 语言中的相似。for 循环的语法格式为：

```
for(表达式 1;表达式 2;表达式 3)
{
    循环体;
}
```

其中，表达式 1 通常是循环变量的初值表达式，在循环开始前会被无条件地执行一次；表达式 2 通常为布尔表达式，在每次循环开始前求值，如果值为 TRUE，则执行循环语句，如果值为 FALSE，则终止循环；表达式 3 通常为循环变量增量或减量表达式，在每次循环之后执行求值操作。

for 循环重复执行一个语句或语句块，直到指定的布尔表达式为 FALSE 为止。和前面两种循环不同的是，for 循环会自动对循环变量做增量或减量操作。for 关键字后面括号中的 3 个表达式都可以省略，但两个分号不能省略。例如，for(;;)就表示无限循环。

【例 3-11】使用 for 循环计算 1～100 的和。

本案例主要说明 for 循环语句的用法，具体步骤如下。

在网站 DataProcessing 下新建网页 ForExample.php 并输入代码，完整的代码如下：

```
<!DOCTYPE html>
<html>
<head>
<meta charset="UTF-8">
<title>使用 for 循环</title>
</head>
<body>
<?php
$sum = 0;  //和的初值为 0
for($i = 1; $i <= 100; $i++) //为循环变量$i 赋初值 1；循环体的执行条件为$i<=100;
                  //$i++表示更新循环变量$i
{
   $sum = $sum + $i;
}
echo "1～100 的和为：{$sum}";
?>
</body>
</html>}
```

程序运行结果和例 3-9 的相同。

4．foreach 循环

foreach 循环仅应用于数组和对象，该语句会遍历数组或对象中的每一个元素，为每个元素执行一次循环体中的代码。foreach 有两种格式：

第一种格式如下：

```
foreach (数组 as 变量)
{
   循环体;
}
```

第二种格式如下：

```
foreach (数组 as 变量 1 =>变量 2)
{
   循环体;
}
```

第一种格式遍历给定的数组，每进行一次循环迭代，当前数组元素的值就被赋给变量，并且数组内部的指针向前移一步，直到到达最后一个数组元素时结束循环。

第二种格式遍历给定的数组，在每次循环中将当前数组元素的键名和值分别赋给变量 1 和变量 2。

【例 3-12】遍历数组，输出所有的数组元素。

本案例主要说明 foreach 循环语句的用法，具体步骤如下。

在网站 DataProcessing 下新建网页 ForeachExample.php 并输入代码，完整的代码如下：

```
<!DOCTYPE html>
<html>
<head>
<meta charset="UTF-8">
<title>使用 foreach 循环</title>
</head>
<body>
<?php
/* 输出数组元素的值 */
$teamA = ["Mary","Peter","Sam","Linda","Joe","Ben"];  //创建数组
$s="TeamA has : ";     //定义变量为要输出的字符串
foreach ($teamA as $member)   //用 foreach 循环遍历数组中的每一个元素，将值赋给变量
                                   //$member
{
    $s.=$member.",";    //连接字符串
}
$s=substr($s,0,strlen($s)-1);    //去掉最后一个逗号
echo "{$s}.";

/* 输出数组元素的键和值 */
$price=[              // 创建关联数组
    "椅子"=>60,
    "杯子"=>12,
    "牛奶"=>32.8,
    "毛巾"=>26.5,
    "电视"=>3200
];
echo "<br/><br/>下列物品的价格为（元）：<br/>";
foreach ($price as $k => $v) //用 foreach 循环遍历数组中的每一个元素，将键名赋给变量$k,
                    //将值赋给变量$v
{
    echo "{$k}: {$v}<br/>";    //输出数组元素的键和值
}
?>
</body>
</html>
```

程序运行结果如图 3-10 所示。

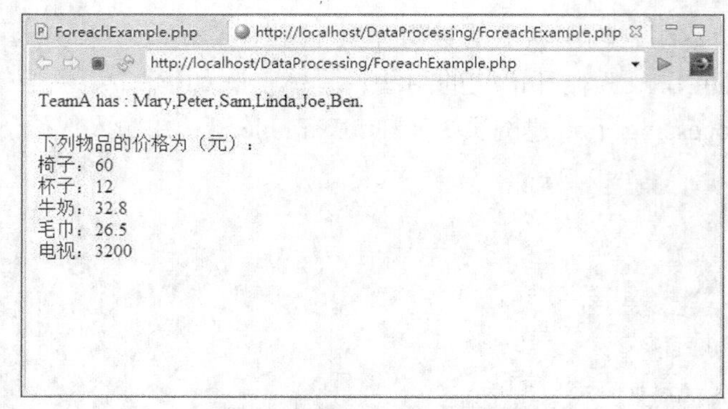

图 3-10　例 3-12 的运行结果

3.4.3　跳转语句

跳转语句用于进行无条件跳转。PHP 常用的跳转语句有 break 语句和 continue 语句。

1. break 语句

break 语句用于跳出包含它的 switch、while、do-while、for 或 foreach 语句结构，结束当前循环体的执行。break 语句可以指定跳出几重循环，格式如下：

```
break n;
```

默认值是 1，即跳出当前的循环体。

2. continue 语句

continue 语句用来跳过本次循环并在条件求值为真时继续执行下一次循环，它不退出循环体。continue 也可以指定跳出几重循环。默认值是 1，即跳到当前循环末尾。

注意

和其他语言不同，PHP 中的 switch 语句可以使用 continue 语句，它的作用类似于 break 语句。

【例 3-13】计算 1～100 之间奇数的和。

本案例主要说明 break 和 continue 语句的使用。案例中使用 if 语句判断，如果变量 i>=100，则使用 break 语句中止循环；如果变量 i 是偶数，则使用 continue 语句跳过当次循环，进入下一次循环。具体步骤如下。

在网站 DataProcessing 下新建网页 JumpExample.php 并输入代码，完整的代码如下：

```
<!DOCTYPE html>
<html>
<head>
<meta charset="UTF-8">
<title>使用跳转语句 break 和 continue</title>
</head>
<body>
<?php
$sum = 0;  //和的初值为 0
$i = 0;    //循环变量初值为 1
```

```
while (true)  //无限循环
{
    $i = $i + 1;
    if ($i >= 100) break;  //如果$i 超过 100，则循环中止
    if ($i % 2 == 0) continue;  //如果$i 是偶数，则跳过本次循环
    $sum = $sum + $i;
}
echo "1~100 的奇数和为：{$sum}";
?>
</body>
</html>
```

程序运行结果如图 3-11 所示。

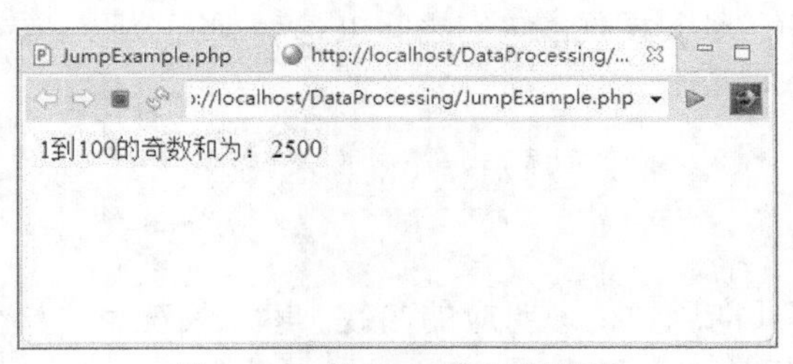

图 3-11　例 3-13 的运行结果

3.5 函数

函数是可以在程序中重复使用的语句块。PHP 具有很多标准的内置函数，另外，用户也可以创建自定义的函数。本节主要介绍用户自定义函数。

3.5.1　创建与调用函数

用户自定义的函数声明以关键字“function”开头，后面跟着函数名与一对小括号“()”，然后使用一对花括号来包含函数代码。语法格式如下：

```
function functionName() {
    语句
}
```

函数名和其他 PHP 标识符的命名规则相同，以字母或下画线开头，后面跟字母、数字或下画线。与变量名不同的是，函数名对大小写不敏感，例如，checkName 和 CheckName 都表示同一个函数。此外，定义的函数名应该能够很好地反映函数所执行的任务，以提高程序的可读性。

函数中的代码在页面加载时并不会自动执行，只有在函数被调用时，其中的代码才会被执行。如需调用函数，在函数名后紧跟一对小括号即可。虽然函数名是大小写不敏感的，但是建议在调用函数的时候，使用的函数名与其定义时保持完全一致。

下面的例子创建了一个名为“showMsg”的函数，然后调用该函数。该函数的功能是在页面输出“Hello world!”。

```
<?php
//定义函数 showMsg()
function showMsg () {
   echo "Hello world!";
}
//调用函数
showMsg ();
?>
```

3.5.2　函数参数

函数参数用于向函数传递信息。

1. 定义函数参数

一个函数可以有任意多个参数，它们之间以逗号进行分隔。参数定义在函数名之后的小括号内，语法格式如下：

```
function functionName($arg1, $arg2,...) {
   语句
}
```

在调用函数时，需要向函数传递对应的参数。默认情况下，函数参数是按值传递的。

【例 3-14】使用函数输出人员成绩。

本案例主要说明如何定义与调用带参数的函数。这里首先定义了一个名为“outputScore”的函数，其功能是输出人员的成绩。该函数定义了两个参数$name 和$score，分别用于传递人员的姓名和成绩。当调用 outputScore()函数时，程序将按照传递过来的姓名和成绩输出相关信息。具体步骤如下。

在网站 DataProcessing 下新建网页 FuncExample.php 并输入代码，完整的代码如下：

```
<!DOCTYPE html>
<html>
<head>
<meta charset="UTF-8">
<title>使用函数</title>
</head>
<body>
<?php
//定义函数 outputScore()，用于输出成绩。具有两个参数：$name（姓名）和$score（成绩）
function outputScore($name,$score) {
   echo "{$name}'s score is: {$score} ;<br>";
}

outputScore("Mary",95);    //调用函数，输出 Mary 的成绩
outputScore("Sam",88);     //调用函数，输出 Sam 的成绩
outputScore("Jhon",92);    //调用函数，输出 Jhon 的成绩
```

```
?>
</body>
</html>
```

程序运行结果如图 3-12 所示。

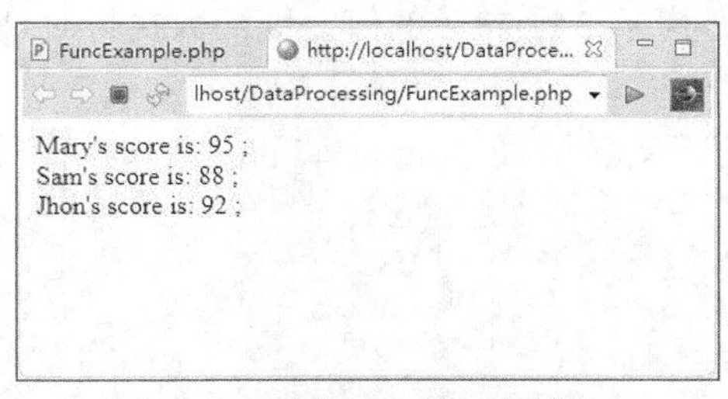

图 3-12　例 3-14 的运行结果

PHP 除了支持按值传递参数之外，也支持通过引用传递参数，还支持定义默认参数值和可变数量的参数。

2. 通过引用传递参数

默认情况下，函数参数是按值传递的，也就是将原参数的值复制一份再来传递。所以，如果在函数内部改变了参数的值，那么并不会对变量的原值产生任何影响。在 PHP 中，可以在函数定义的参数前面加上"&"符号来表示该参数是通过引用传递的，此时传递的是变量的内存地址，函数内部将直接修改原参数。

下面的这个例子通过引用传递参数，所以在函数被调用之后，变量$a 的值随即发生了变化。

```
<?php
function increment (&$num)
{
   $num ++;
}
$a=5;
increment ($a);
echo "\$a={$a}";      //此时$a 的值变为了 6，将输出$a=6
?>
```

注意

引用符号"&"只在定义函数时使用，在调用函数时不使用引用符号。

3. 默认参数值

函数可以定义参数的默认值，如果在调用函数时没有传递该参数值，则会取其默认值。PHP 允许使用标量、数组和 NULL 作为默认参数值。默认参数值必须是常量表达式，不能是变量、类成员或者函数调用等。当函数既有默认参数，也有非默认参数时，必须先定义所有的非默认参数，后面再定义默认参数。

【例 3-15】使用默认参数值。

本案例主要说明如何定义函数的默认参数值及其调用特点。程序中首先定义了一个名为“outputTxt”的函数用于向网页输出文本。它有 3 个参数：$text、$color 和$size。其中，$text 表示需要输出的文本内容；$color 表示文本的颜色，具有默认值 black，也就是黑色；$size 也是默认参数，表示文字大小，默认值为 14px。

在第一次调用 outputTxt()函数时，只传递了参数$text 的值，表示其他两个参数使用默认值。第二次调用函数时传递了 3 个参数的值，则函数执行时全部使用传递的参数值。具体步骤如下。

在网站 DataProcessing 下新建网页 DefaultVal.php 并输入代码，完整的代码如下：

```
<!DOCTYPE html>
<html>
<head>
<meta charset="UTF-8">
<title>使用默认参数值</title>
</head>
<body>
<?php
/*定义函数 outputTxt()来输出文本。有 3 个参数：$text 为文本内容；$color 为文本的颜色，默认是黑色；$size 为文字大小，默认为 14px */
function outputTxt($text,$color="black",$size="14px")
{
   echo "<span style='color:{$color};font-size:{$size};'>{$text}</span><br/>
<br/>";
}
//调用函数 outputTxt()，输出“Good Morning!”，颜色、字号使用默认值 black 和 14px
outputTxt("Good Morning!");
//调用函数 outputTxt()，输出指定文本，并指定其颜色、字号为 red 和 28px
outputTxt("人工智能（Artificial Intelligence），英文缩写为 AI。","red","28px");
?>
</body>
</html>
```

程序运行结果如图 3-13 所示。

图 3-13 例 3-15 的运行结果

4. 可变数量的参数

对于用户自定义的函数，PHP 还支持可变数量的参数。在 PHP 5.6 及以上的版本中使用“...”来实现可变数量的参数。例如，下面的代码：

```
<?php
function sum(...$numbers) {
    $acc = 0;
    foreach ($numbers as $n) {
        $acc += $n;
    }
    return $acc;
}
echo sum(1, 2, 3, 4);
?>
```

程序输出的结果为 10。

3.5.3 函数返回值

函数可以使用 return 语句来返回值。return 语句会立即中止函数的执行，并且将它的参数作为函数的值返回，同时将控制权交给调用该函数的代码行。函数的返回值可以是包括数组和对象的任意数据类型。return 语句不能一次返回多个值，但是返回一个数组就可以实现类似的效果。

【例 3-16】使用函数的返回值。

本案例主要演示 return 语句的使用，具体步骤如下。

在网站 DataProcessing 下新建网页 ReturnVal.php 并输入代码，完整的代码如下：

```
<!DOCTYPE html>
<html>
<head>
<meta charset="UTF-8">
<title>函数返回值</title>
</head>
<body>
<?php
function multiple($x,$y) {
    $z=$x*$y;
    return $z;    //返回值
}
echo "2*10=".multiple(2,10);    //调用函数
?>
</body>
</html>
```

程序运行结果如图 3-14 所示。

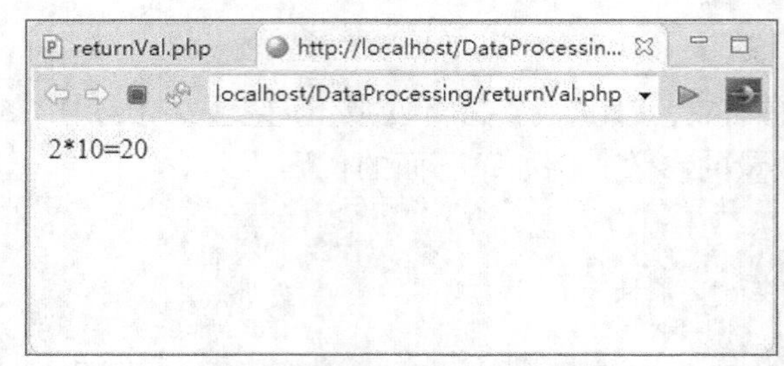

图 3-14　例 3-16 的运行结果

3.6 变量作用域

变量的作用域是指变量在程序中能够被有效使用的范围，PHP 通过变量作用域来实现内存数据的安全访问控制。PHP 有 3 种不同的变量作用域：局部（local）、全局（global）和静态（static）。

3.6.1 局部变量与全局变量

在 PHP 中，我们可以在脚本的任意位置声明变量，而变量声明的位置就直接反映了变量的作用域。默认情况下，在函数内部声明的变量具有局部作用域，只能在函数内部进行访问；在函数之外声明的变量具有全局作用域，只能在函数以外进行访问。

下面的例子说明了局部变量和全局变量的使用范围。

```
<?php
$a=1;      //全局变量
function Test()
{
$b=5;    //局部变量
echo "变量 a 是：{$a} <br/>";  //无法输出$a 的值，因为它是在函数之外创建的全局变量
echo "变量 b 是：{$b}<br/>";
}
Test();
echo "变量 a 是：{$a} <br/>";
echo "变量 b 是：{$b}<br/>";    //无法输出$b 的值，因为它是在函数内创建的局部变量
?>
```

上面的代码一共声明了两个变量$a、$b 及一个函数 Test()。$a 是在函数之外声明的，所以它是全局变量，而$b 则是在函数内声明的，它是局部变量。

首先调用 Test()函数，使用 Test()函数内部的 echo 语句输出这两个变量的值，可以看到$b 的值被输出，但是无法输出$a 的值，因为它是在函数之外创建的。

接下来在 Test() 函数之外使用 echo 语句分别输出两个变量的值，那么将输出$a 的值，而$b 的值不会输出，因为它是在 Test()函数内部创建的一个局部变量。

从局部变量的作用域可以发现，在不同的函数中允许创建名称相同的局部变量，因为局部变量只能在创建它的函数中被识别。

3.6.2 在函数内部访问全局变量

若需要在函数中访问全局变量，可以将 global 关键字放在函数内部的变量前面加以声明。例如下面的代码：

```
<?php
$a = 5;
$b = 10;
function Sum()
{
    global $a, $b;   //global关键字声明全局变量$a 和$b
    $b = $a + $b;
}
Sum();
echo $b;
?>
```

Sum()函数中的 global 关键字声明了全局变量$a 和$b，表示函数内对这两个变量的访问都是指向全局变量的，所以上述代码的输出结果为“15”。

在函数内访问全局变量的第二个方法使用的是 PHP 自定义的$GLOBALS 数组。前面的例子使用$GLOBALS 替换 global，可以写成：

```
<?php
$a = 5;
$b =10;
function Sum()
{
    $GLOBALS['b'] = $GLOBALS['a'] + $GLOBALS['b'];
}
Sum();
echo $b;
?>
```

$GLOBALS 是一个关联数组，每一个变量都是它的一个元素，键名对应于变量名，值对应于变量的值。

3.6.3 静态变量

函数执行完成后通常会清除所有的局部变量，如果程序需要保留局部变量的值，使其在函数执行后不丢失，可以通过 static 关键字声明它为静态变量。

【例 3-17】统计函数调用的次数。

本案例主要演示静态变量的使用，具体步骤如下。

在网站 DataProcessing 下新建网页 StaticVal.php 并输入代码，完整的代码如下：

```
<!DOCTYPE html>
<html>
<head>
```

```
<meta charset="UTF-8">
<title>静态变量</title>
</head>
<body>
<?php
function test()
{
    static $a = 0;    //声明静态变量
    $a++;
    echo "第{$a}次调用test()函数。<br/>";
}
test();
test();
test();
test();
?>
</body>
</html>
```

程序运行结果如图 3-15 所示。

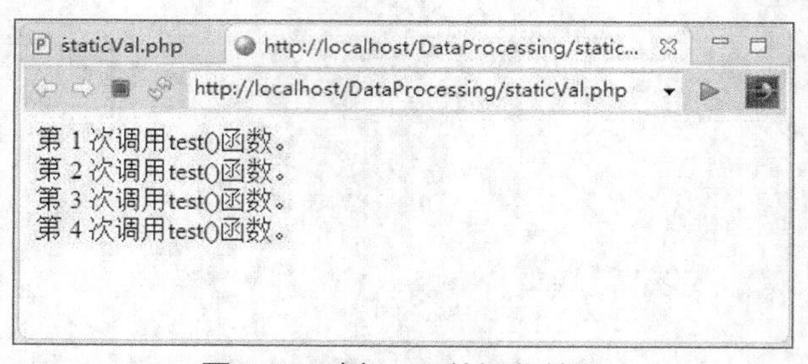

图 3-15　例 3-17 的运行结果

静态变量$a 仅在第一次调用 test() 函数时被初始化，此后每次调用 test() 函数时，变量$a 所存储的信息都是函数最后一次被调用时所包含的信息。

静态变量仍然是函数的局部变量，仅在函数中访问，但当函数执行完成时，其值仍然保留。静态变量的赋值操作只会在变量第一次初始化时执行，在之后的函数调用中不再执行。

3.7 面向对象编程

面向对象编程（Object Oriented Programming，OOP）可以让人们更好地实现代码的可重用性、程序设计的灵活性和可扩展性。对象是由数据和对数据进行处理的功能代码所组成的集合，它是程序开发和代码重用的基本单元。PHP 全面支持面向对象编程的各种机制和特性。

3.7.1 类

类是一种用来抽象化描述对象的数据类型，其定义包含了数据的形式及对数据的操作，也就是类的属性和方法。定义了类以后，就可以通过类的实例化来创建对象，进而使用对象。

类以关键字 class 来声明，类的定义包括类的名称、属性和方法等，语法格式如下：

```
[类的修饰关键字] class 类名{
    [属性]
    [方法]
}
```

下面的代码声明了一个名为 Student 的类。

```
<?php
class Student
{
    //声明属性
    public $stuName = 'Cathy';

    //声明方法
    public function displayName() {
        echo $this-> stuName;
    }
}
?>
```

类名可以是任何非 PHP 关键字的合法名称。与变量的命名规则相同，一个合法的类名以字母或下画线开头，后面跟着若干字母、数字或下画线。此外，使用具有一定意义的名称可以提高代码的可读性。

类中可以包含常量、变量和函数。类的变量成员叫“属性”，属性声明时由关键字 public、protected 或 private 开头，然后跟一个变量名。属性可以进行初始化，它要求初始化的值必须是常数。函数成员称为“方法”，用于访问对象的数据。

1. 构造函数和析构函数

构造函数是一种特殊的方法，它在这个类被实例化为新的对象时调用，用于执行对象的初始化，即为对象的属性赋初始值。构造函数以__construct()表示，需要注意 construct 前面有两个下画线。析构函数与构造函数相反，是当对象被销毁的时候调用。析构函数的名称为__destruct()，系统会自动执行析构函数。由于 PHP 本身会在程序执行结束时自动清理所有资源，所以程序中一般不会显示声明析构函数。

构造函数和析构函数的定义如下：

```
<?php
class MyClass
{
```

```
    function __construct($par)  //构造函数
    {
       $this->name =$par;
    }
    function __destruct()     //析构函数
    {
       print "Destroying " . $this->name . "\n";
    }
}
?>
```

2. 类的访问修饰符

访问修饰符用于控制属性或方法的访问范围，包括公有（public）、受保护（protected）和私有（private）3 种。公有成员提供了类的外部接口，允许类的使用者从外部进行访问；受保护的类成员允许其自身及其子类和父类访问；私有成员只有该类的成员可以访问，类外部是不能访问的。

属性必须使用 public、protected 或 private 关键字来声明；类的方法也可以被定义为 public、protected 或 private。如果定义方法时没有使用这些关键字，则默认为 public。

3.7.2 对象

对象即类的实例，PHP 使用 new 关键字来创建对象。对于前面定义的 Student 类，使用下面的语句即创建了一个对象。

```
<?php
$aStudent=new Student();
?>
```

如果在类中定义了构造函数，并且构造函数具有参数，在创建对象时也需要传递参数。例如前面所定义的 MyClass 类，它定义的构造函数有一个参数，因此用以下代码来创建对象。

```
<?php
$obj=new MyClass("Jack");
?>
```

对象一经创建，就可以使用对象运算符“->”来访问对象的属性和方法。

【例 3-18】创建与访问对象。

本案例主要说明类的定义及对象的创建与使用。程序中定义了一个 Animal 类，在 Animal 类中定义了两个属性 weight 和 age、一个构造函数和两个方法。接下来使用 new 关键字创建 Animal 类的对象 aAnimal，然后调用 aAnimal 对象的两个方法来输出结果。具体步骤如下。

在网站 DataProcessing 下新建网页 ObjExample.php 并输入代码，完整的代码如下：

```
<!DOCTYPE html>
<html>
<head>
<meta charset="UTF-8">
```

```
<title>使用对象</title>
</head>
<body>
<?php
class Animal  //定义 Animal 类
{
    public $weight;  //定义属性，重量
    public $age;    //定义属性，岁数
    function __construct($w,$a)  //构造函数
    {
        $this->weight =$w;
        $this->age =$a;
    }

    public function sayHello() {  //定义方法
        echo "Animal Say Hello!";
    }
    public function display()  //定义方法
    {
        echo "Animal 重量为：".$this->weight."，年龄为：" .$this->age;
    }
}
$aAnimal = new Animal(10, 5);  //调用构造函数生成类的对象
$aAnimal->Display();  //调用对象的方法
echo "<br/>";
$aAnimal->SayHello();  //调用对象的方法
?>
</body>
</html>
```

程序运行结果如图 3-16 所示。

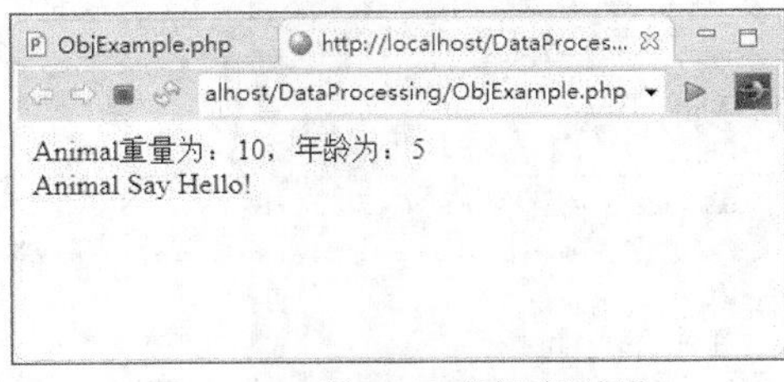

图 3-16 例 3-18 的运行结果

上面的代码中使用了一个特殊的变量$this，在类的定义中可以使用变量$this 代表自身的对象，在类内部的成员方法中使用。

类的属性或方法可以通过 static 关键字来声明为静态，静态的属性或方法可以不实例化

类而直接访问。

静态属性用双冒号“::”运算符来访问，语法格式为:

```
类名::属性名称
```

静态方法直接通过类来调用，语法格式为：

```
类名::方法名
```

如果是从类的内部进行访问，可以使用 self 来替换类名。

静态属性不能由对象通过->操作符来访问，但静态方法可以。

【例 3-19】使用静态属性与静态方法。

本案例主要说明类的静态属性、静态方法的定义与使用，具体步骤如下。

在网站 DataProcessing 下新建网页 StaticProFunc.php 并输入代码，完整的代码如下：

```
<!DOCTYPE html>
<html>
<head>
<meta charset="UTF-8">
<title>类的静态属性与静态方法</title>
</head>
<body>
<?php
class Dog
{
    static public $history = "1 万年";    //静态属性
    static public function say()    //静态方法
    {
        echo self::$history."前，由狼驯化而来。";    //静态方法访问静态属性
    }
}
echo "狗类出现于".Dog::$history."前。<br/>";    //访问类的静态属性
Dog::say();  //访问类的静态方法
?>
</body>
</html>
```

程序运行结果如图 3-17 所示。

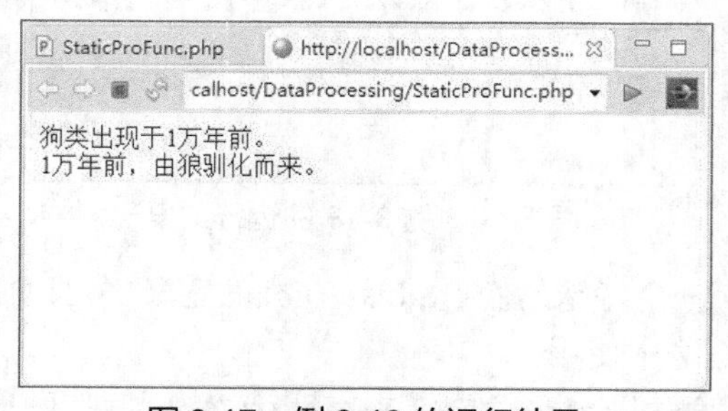

图 3-17　例 3-19 的运行结果

3.7.3 封装

所谓封装，就是使用private关键字定义属性，使得外部程序不能直接访问该属性，同时使用public关键字定义方法，外部程序通过调用该方法实现对属性的访问。

3.7.4 继承

继承性广泛存在于现实世界的对象中。继承提供了一种子类自动共享父类数据结构和方法的机制，它在类之间建立一种相互关系，使子类可以继承父类的特性和能力，而且子类还可以加入新的特性或修改已有的特性。

PHP不支持多重继承，一个类只能继承一个父类。使用extends关键字声明继承，语法格式如下：

```
class Child extends Parent {
   …
}
```

【例3-20】继承的使用。

本案例主要说明PHP类的继承性。案例中的Dog类从Animal类继承，同时又定义了自己的构造函数。Dog类从父类Animal继承了Display()方法，并定义了自己的SayHello()方法。在程序中，aDog对象调用了这两个方法，实现页面的结果输出。具体步骤如下。

在网站DataProcessing下新建网页InheritanceExample.php并输入代码，完整的代码如下：

```
<!DOCTYPE html>
<html>
<head>
<meta charset="UTF-8">
<title>类的继承</title>
</head>
<body>
<?php
class Animal  //定义 Animal 类
{
   public $weight;  //属性
   public $age;
   function __construct($w,$a)  //构造函数
   {
      $this->weight =$w;
      $this->age =$a;
   }

   public function Display()  //方法
   {
      echo "Animal 重量为：".$this->weight."，年龄为：".$this->age;
   }
}
```

```
class Dog extends Animal  //Dog 类从 Animal 类继承
{
    public function SayHello()  //方法成员
    {
        echo "Dog Say Hello!";
    }
}

$aDog = new Dog(10, 5);  //调用构造函数生成类的对象
$aDog->Display();  //调用对象的方法
echo "<br/>";
$aDog->SayHello();  //调用对象的方法
?>
</body>
</html>
```

程序运行结果如图 3-18 所示。

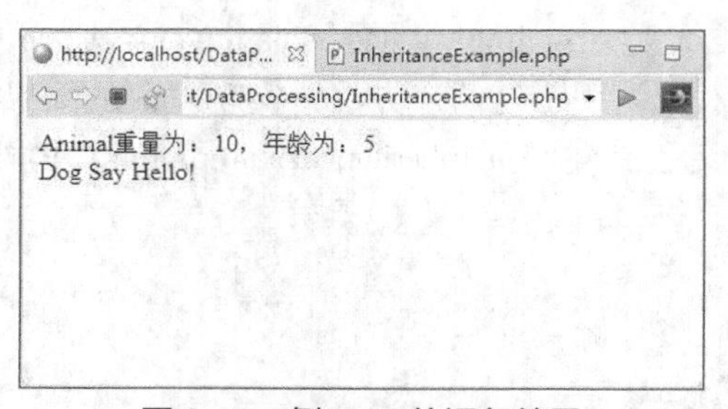

图 3-18　例 3-20 的运行结果

本案例中的 Dog 类继承了 Animal 类，并扩展了功能，可见继承对于功能的设计和抽象是非常有用的。子类可以继承父类所有公有的和受保护的方法，被继承的方法都会保留其原有功能。子类如果需要修改继承于父类的方法和属性，可以使用同样的名称重新声明来将其覆盖。当覆盖方法时，它们的参数必须保持一致。但是，如果父类定义方法时使用了 final 关键字，则表示该方法不能够被覆盖。如果需要在子类中访问父类中被覆盖的方法，可以使用“parent::方法名”来实现。

3.7.5　接口

面向对象编程的一个重要特点就是多态，通过多态可以极大地提高软件模块的可扩充性和灵活性。所谓多态，就是同一操作使用不同类的实例时，不同的类将进行不同的解释，最后产生不同的执行结果。举个通俗的例子，一个软件开发项目小组由几个组员构成，分别负责不同的工作，有的编制项目计划，有的设计系统，有的编写程序代码，有的测试。当对项目小组成员下达指令“执行项目任务”时，每个人完成的都是同一个指令“执行项目任务”，但他们对这一指令的解释是不同的，执行的也是不同的操作。

PHP 的多态可以通过接口（Interface）来实现。接口指定一个类具有哪些方法，但并不定义这些方法的具体内容。接口使用 interface 关键字来定义，其语法类似于定义一个标准

的类。接口中定义的所有方法都必须是公有的，而且所有的方法都是空的。声明接口的语法格式如下：

```
interface 接口名称
{
    public function 方法名称1();
    public function 方法名称2();
    …
}
```

类使用 implements 关键字来实现接口。此时，类定义的方法必须和接口中的方法完全一致，并且必须提供接口中所有方法的具体实现。一个类可以同时实现多个接口，多个接口名称之间以逗号隔开。实现接口的语法格式如下：

```
class 类名称 implements 接口名称
{
    public function 方法名称1()
    {
        …
    }

    public function 方法名称2()
    {
        …
    }
    …
}
```

【例 3-21】使用接口实现类的多态。

本案例演示了 PHP 中的多态与接口。首先定义了一个名称为 Greet 的接口，它定义了一个公共方法 Hello()。接下来定义了两个类 Dog 类和 Cat 类，分别用来实现 Greet 接口，它们对 Hello()方法定义了不同的具体实现代码。然后定义了一个 Animal 类，它的 SayHello()方法定义了一个参数来表示对象，根据传递过来的不同对象执行不同的接口实现代码，从而实现不同的对象调用同一个方法将产生不同的效果，也就是多态。具体步骤如下。

在网站 DataProcessing 下新建网页 InterfaceExample.php 并输入代码，完整的代码如下：

```
<!DOCTYPE html>
<html>
<head>
<meta charset="UTF-8">
<title>接口实现类的多态</title>
</head>
<body>
<?php
//定义接口
```

```
interface Greet{
    public function Hello();    //定义方法
}

//定义 Dog 类实现接口
class Dog implements Greet{
    public function Hello(){
        echo "Dog Say Hello!<br>";
    }
}

//定义 Cat 类实现接口
class Cat implements Greet{
    public function Hello(){
        echo "Cat Say Hello!<br>";
    }
}

//定义 Animal 类，方法 SayHello()具有一个参数来表示对象，不同的对象将执行不同
//的接口实现代码
class Animal{
    public function SayHello($obj){
        $obj->Hello();
    }
}
//实例化 Animal 类，相同的方法，传入不同的对象参数，取得不同的结果
$aAnimal = new Animal();    //创建 Animal 类的实例
$aAnimal->SayHello(new Dog());    //依据 Dog 对象执行 SayHello()方法
$aAnimal->SayHello(new Cat());    //依据 Cat 对象执行 SayHello()方法
?>
</body>
</html>
```

程序运行结果如图 3-19 所示。

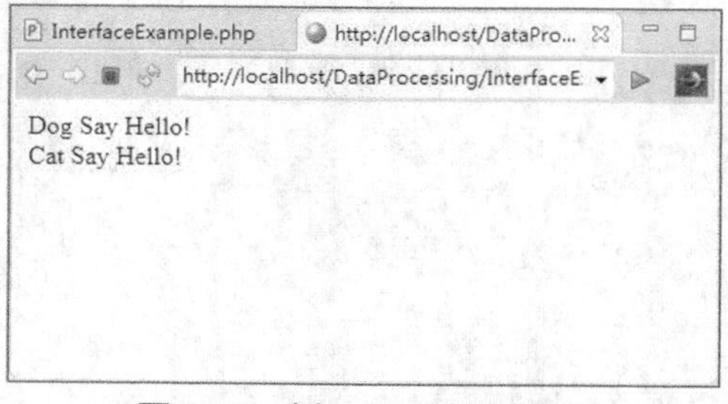

图 3-19　例 3-21 的运行结果

从图 3-19 显示的运行结果可以看到，调用同一个方法 SayHello()，Dog 对象输出的是“Dog Say Hello!”，而 Cat 对象输出的是“Cat Say Hello!”，通过接口实现了类的多态。

3.7.6 抽象类

PHP 的多态也可以通过抽象类来实现。抽象类包含抽象方法，抽象方法只是声明了方法名、调用方式和参数，但并不定义具体的功能实现。抽象类不能被实例化，它用于继承。子类在继承一个抽象类的时候，必须实现父类中的所有抽象方法，而且这些方法的访问控制必须和父类中的访问控制一致或更宽松。例如，某个抽象方法是受保护的，那么子类中实现的方法就应该是受保护的或公有的，而不能是私有的。

抽象类和抽象方法都用 abstract 关键字来声明。此外，一个类中只要有一个方法被定义为抽象方法，那么该类就必须定义为抽象类。

【例 3-22】使用抽象类实现类的多态。

本案例演示了 PHP 中的多态与抽象类的使用。首先定义了抽象类 Animal，定义了一个抽象方法 Hello()。Dog 类和 Cat 类都是 Animal 的子类，它们对 Hello()方法定义了不同的具体实现代码。然后定义了一个 GreetAnimal 类，它的 SayHello()方法定义了一个参数来代表对象类别，根据传递过来的不同对象类别执行不同子类所定义的 Hello()方法，最终实现不同的对象调用同一个方法将产生不同的效果。具体步骤如下。

在网站 DataProcessing 下新建网页 AbstractExample.php 并输入代码，完整的代码如下：

```
<!DOCTYPE html>
<html>
<head>
<meta charset="UTF-8">
<title>抽象类实现类的多态</title>
</head>
<body>
<?php
//定义抽象类
abstract class Animal{
    abstract function Hello();
}

//定义 Dog 类继承 Animal 类
class Dog extends Animal{
    public function Hello(){
        echo "Dog Say Hello!<br>";
    }
}

//定义 Cat 类继承 Animal 类
class Cat extends Animal{
```

```
    public function Hello(){
        echo "Cat Say Hello!<br>";
    }
}

//定义 GreetAnimal 类，它的 SayHello()方法具有一个参数来表示对象，将根据不同的对象
//类别执行对应子类的方法代码
class GreetAnimal{
    public function SayHello($Obj){
        $Obj->Hello();
    }
}

//实例化 GreetAnimal 类，相同的方法，传入不同的对象参数，取得的结果不同
$aAnimal = new GreetAnimal();     //创建 GreetAnimal 类的实例
$aAnimal->SayHello(new Dog());    //依据 Dog 执行 SayHello()
$aAnimal->SayHello(new Cat());    //依据 Cat 执行 SayHello()
?>
</body>
</html>
```

程序运行结果如图 3-20 所示。

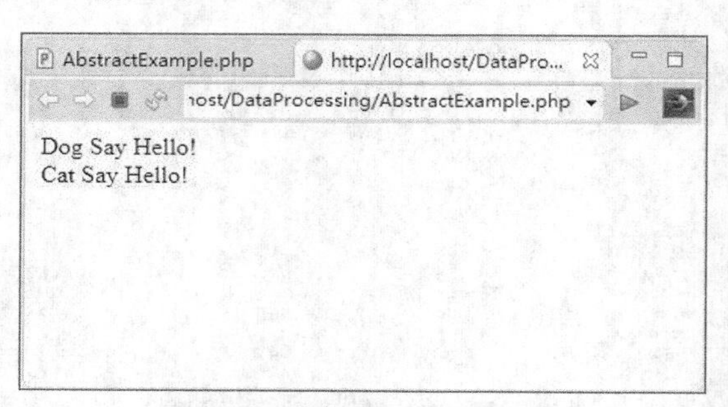

图 3-20　例 3-22 的运行结果

本案例通过抽象类也实现了类的多态。

3.8 实践演练

本节我们通过完成一个综合实例来巩固前面所学的 PHP 基础知识。

【例 3-23】给定一个年份和一个月份，要求：

（1）判断该年是否为闰年；

（2）判断该月属于哪个季节；

（3）判断该年的该月有多少天。

3.8.1 问题分析

要完成以上 3 个要求，我们可以在类中分别定义 3 个静态方法。之所以定义为静态方法，是为了避免引用这些方法时生成实例对象。

（1）判断闰年可用 IsLeap()方法。是否为闰年只和年份有关，所以该方法只有一个表示年份的整型参数。闰年的判断方法：能够被 4 整除，但不能被 100 整除；或者能被 400 整除。两个条件具备其一即可判定该年为闰年。

（2）判断季节可用 Season()方法。该方法只和月份有关，所以该方法只有一个表示月份的整型参数。判断方法是 12、1、2 月是冬季；3、4、5 月是春季；6、7、8 月是夏季；9、10、11 月是秋季。这里用 switch 分支语句实现。

（3）判断天数可用 DaysOfMonth()方法。判断一个月有多少天跟年份和月份都有关，所以该方法有两个整型参数，分别代表年份和月份。判断方法是，1、3、5、7、8、10、12 月有 31 天，4、6、9、11 月有 30 天，闰年的 2 月有 29 天，不是闰年的 2 月有 28 天。

3.8.2 编程实现

在网站 DataProcessing 下新建网页 TestOfLeapYear.php 并输入代码，完整的代码如下：

```
<!DOCTYPE html>
<html>
<head>
<meta charset="UTF-8">
<title>判断闰年、季节及某月天数</title>
</head>
<body>
<?php
class JudgeYMD
{
    //判断是否为闰年的静态方法
    static public function IsLeap($year)
    {
        if (($year % 4 == 0) && ($year % 100 != 0) || ($year % 400 == 0))
            return true;
        else
            return false;
    }

    //判断该月属于哪个季节的静态方法
    static public function Season($month)
    {
        switch ($month)
        {
            case 12:
```

```
            case 1:
            case 2:
                return "冬季";    //注意：函数返回，不需要再执行 break
            case 3:
            case 4:
            case 5:
                return "春季";
            case 6:
            case 7:
            case 8:
                return "夏季";
            case 9:
            case 10:
            case 11:
                return "秋季";
            default:
                return "错误";
        }
    }

    //判断该年该月有多少天的静态方法
    static public function DaysOfMonth($year, $month)
    {
        switch ($month)
        {
            case 1:
            case 3:
            case 5:
            case 7:
            case 8:
            case 10:
            case 12:
                return 31;
            case 4:
            case 6:
            case 9:
            case 11:
                return 30;
            case 2:
                if (self::IsLeap(year)) //如果是闰年，则 2 月有 29 天，否则 2 月有 28 天
                    return 29;
```

```
            else
                return 28;
        default:
            return -1;
        }
    }
}

$year = 2016;  //给定年份和月份
$month = 8;
//判断是否为闰年
if (JudgeYMD::IsLeap($year))
    echo "{$year}年是闰年。";
else
    echo "{$year}年不是闰年。";
//判断季节
 echo "<br/>{$month}月份属于".JudgeYMD::Season($month). "。";
//判断天数
echo "<br/>{$year}年{$month}月有".JudgeYMD::DaysOfMonth($year, $month)."天。";
?>
</body>
</html>
}
```

运行结果如图 3-21 所示。

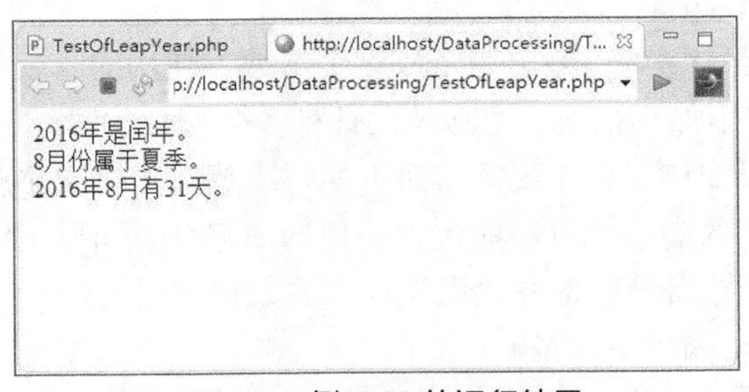

图 3-21　例 3-23 的运行结果

3.9 小结

本章主要介绍了用 PHP 语言编程的基础知识，包括变量和常量、数据类型、运算符、流程控制语句、函数等，并用通俗的实例对语法元素加以诠释；还介绍了面向对象编程的三大特性，即封装、继承和多态，并对 PHP 面向对象的编程机制进行了讲解；最后以一个综合实例的分析和实现作为本章知识的应用实践。

第 4 章 数据输出

程序处理完后得到的数据结果通常需要在网页上输出，呈现给用户浏览。PHP 提供了多种向网页输出数据的方法，如前面几章经常使用的 echo 语言结构。本章将重点介绍几种 PHP 常用的数据输出方式。

学习目标

- 掌握常用的输出语句 echo 和 print
- 掌握格式输出语句 printf
- 掌握调试过程中输出数组和对象的方法

4.1 输出字面量

字面量是指一个固定的值，如一个字符串、整数、浮点数等，经常使用 echo 或 print 来输出。

4.1.1 echo

echo 是一种语言结构，可以输出一个或多个参数。使用的时候后面可以加小括号，也可以不加小括号。建议不加小括号，尤其是在具有多个参数的时候，一定不能使用小括号。如果输出多个参数，那么它们将连续输出而不换行。相对于拼接字符串而言，传递多个参数的效率将更高。echo 的参数字符串能包含任何的 HTML 标记、CSS 语句和 JavaScript 代码，从而可以在网页上输出带有各种效果和样式的数据。

【例 4-1】使用 echo 输出字面量。

本案例演示了使用 echo 输出各种字面量，具体步骤如下。

（1）新建网站 DataOutput，设置项目文件编码为 UTF-8，然后新建网页 echoLiteral.php。

（2）在 echoLiteral.php 网页文件中输入代码，完整的代码如下：

```
<!DOCTYPE html>
<html>
<head>
<meta charset="UTF-8">
<title>echo 输出字面量</title>
</head>
```

```
<body>
<?php
//输出含有 HTML 标记的字符串
echo '<h2 style="color:blue;">PHP 是当前最流行的 Web 应用系统开发语言！</h2>';
//输出多个参数
echo '它已经拥有',20,'多年的历史了！';
?>
</body>
</html>
```

程序运行结果如图 4-1 所示。

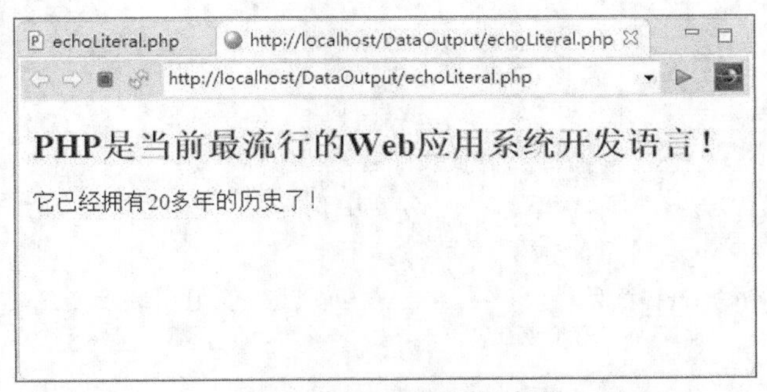

图 4-1　例 4-1 的运行结果

注意

如果需要输出大段的文本，直接在 HTML 网页文档中输出比在 PHP 代码中通过 echo 输出的效率更高，因为 PHP 代码还需要经过服务器的解析。

4.1.2　print

print 也可以用于输出字面量，它同样是一种语言结构。print 后面可以使用括号，也可以不使用括号。它和 echo 最主要的区别是，print 仅支持一个参数而且具有返回值，它的返回值总为 1。下面的代码使用 print 输出了一个含有 HTML 标记的字符串，将在页面上显示一行蓝色的 2 号标题文字。

```
<?php
   print '<h2 style="color:blue;">PHP 是当前最流行的 Web 应用系统开发语言！</h2>';
?>
```

在输出内容相同的情况下，相对来说，echo 输出比 print 稍快，因为它不需要返回任何值。

4.2　输出变量

echo 和 print 也常用于输出变量。

【例 4-2】使用 echo 和 print 输出变量。

本案例演示了使用 echo 和 print 输出变量的方法，具体步骤如下。

在网站 DataOutput 下新建网页 outputVar.php 并输入代码，完整的代码如下：

```
<!DOCTYPE html>
<html>
<head>
<meta charset="UTF-8">
<title>echo、print 输出变量</title>
</head>
<body>
<?php
$txt="PHP";
$age=20;
$db="MySQL";

//使用 echo 输出变量
echo $txt,$age,'<br/>'; //输出多个参数
echo "$txt 的历史有$age 多年。<br/>"; //使用双引号，在 PHP 里，双引号中的变量可以
//被解析，注意$txt 和$age 后面有空格
echo "{$txt}经常与{$db}搭配使用。<br/><br/>";  //使用{}表示变量

//使用 print 输出变量
print $txt;
print $age;
print '<br/>';
print "$txt 的历史有$age 多年。<br/>";
print "{$txt}经常与{$db}搭配使用。<br/>";
?>
</body>
</html>
```

程序运行结果如图 4-2 所示。

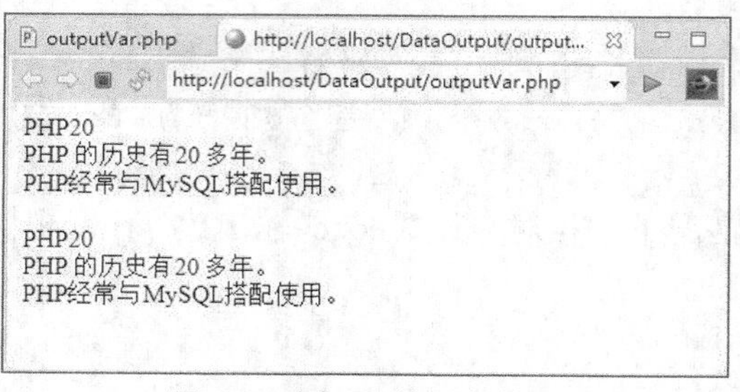

图 4-2　例 4-2 的运行结果

本案例分别用 echo 和 print 输出了相同的内容。如果输出的是变量与字符串相混合的数据，注意使用双引号。在 PHP 中，双引号中包含的变量可以被解析，如果使用单引号，则将输出变量名，而不是变量的值。

在变量名后面需要跟上一个空格来表示变量名描述完毕，以此避免 PHP 在解析时将其

后面跟着的字符串一起理解成一个变量名。此外，也可以使用一对“{}”来包含变量名，这是更为常用的一种方式。

echo 输出有一种简写语法，格式为<?=变量名称?>，即在 PHP 标记中直接用一个等号和变量名来输出变量的值，这使在 HTML 代码中嵌入变量的值变得非常方便。下面的代码使用简写语法在网页上输出变量的值。

```
<?php
$db="MySQL";
?>
<p>这个系统使用 <?=$db?>数据库</p>
```

4.3 按格式输出数据

printf()函数用于输出格式化的字符串，它与 C 语言中的 printf()函数相同，通过替换模板中的格式转换字符来生成字符串。语法格式如下：

```
printf (format,arg1,$arg2,...)
```

参数 format 指定字符串及如何格式化其中变量转换的格式，变量转换的格式以百分比符号“%”加类型说明字符表示，如%f 表示浮点数格式；参数 arg1、arg2 等将分别依次替换主字符串中的格式转换符。printf()函数中可以使用多个格式转换符，只要函数传递数量匹配的参数即可。

下面列出了一些常用的格式字符。

- %s：显示为字符串。
- %d：显示为有符号的十进制整数。
- %f：显示为浮点数。
- %b：显示为二进制数。
- %x：显示为十六进制数。
- %o：显示为八进制数。

在设置转换类型的同时还可以设置显示精度。例如，printf(%.2f,125.6587)将输出 125.66，一个保留两位小数的浮点数。

【例 4-3】设定输出文本的颜色。

本案例演示 printf()函数的使用。在 HTML 中，任何一种颜色都是由红色、绿色、蓝色混合而成的，使用十六进制的颜色值来表示。每种颜色的最小值是 0，十六进制表示为#00，最大值是 255，十六进制表示为#FF。所以 HTML 中的颜色值以十六进制符号“#”开头，后面跟着表示红色、绿色和蓝色的十六进制数值，如#C0C0C0 表示的是灰色。

本案例通过 printf()函数将十进制数转换为十六进制数来完成文本颜色的设置，具体步骤如下。

在网站 DataOutput 下新建网页 setColor.php 并输入代码，完整的代码如下：

```
<!DOCTYPE html>
<html>
<head>
```

```
<meta charset="UTF-8">
<title>使用printf设定文本颜色</title>
</head>
<body>
<?php
$txt="PHP";
$age=20;
$r=235;
$g=64;
$b=240;

printf("<span style='color:#%x%x%x'>%s 具有%d 多年的使用历史。</span>",$r,$g,$b,
$txt,$age);
?>
</body>
</html>
```

程序运行结果如图 4-3 所示。

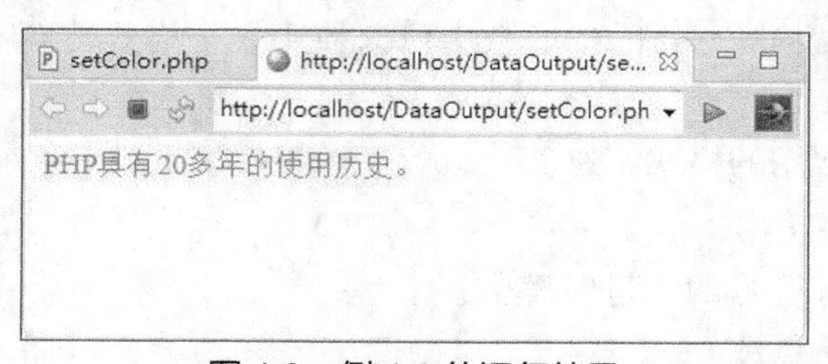

图 4-3　例 4-3 的运行结果

如果并不需要输出转换后的结果，而是将转换后的数据用于其他的代码中，则使用 sprintf()函数。sprintf()函数的使用方法和 printf()一样，唯一不同的就是该函数把格式化的字符串写入一个变量中，而不是输出到浏览器。例如，“$a=sprintf("%b",7);”语句将十进制数字 7 转换为二进制的“111”，并赋值给变量$a。

4.4 输出数组和对象

print_r()和 var_dump()常用于在调试时输出数组或对象。

使用 print_r()输出数组时以 Array 开头，以键值对的列表形式呈现元素。输出对象与数组类似，不同的是以 Object 开头。例如下面的代码：

```
<?php
$fruits=array("apple","pear","orange");
print_r($fruits);
?>
```

将输出：

```
Array ( [0] => apple [1] => pear [2] => orange )
```

var_dump()函数除了会输出内容之外，还会输出数据的类型、长度等相关信息，所以var_dump()在调试中使用得更多。例如下面的代码：

```
<?php
$fruits=array("apple","pear","orange");
var_dump($fruits);
?>
```

将输出：

```
array(3) { [0]=> string(5) "apple" [1]=> string(4) "pear" [2]=> string(6)
"orange" }
```

4.5 小结

本章介绍了PHP向浏览器输出数据的一些语言结构和函数，echo可以一次输出多个值，而print一次只能输出一个值，printf ()函数能够格式化输出字符串，而print_r()和var_dump()函数则主要用来调试。在开发Web应用系统的过程中，我们经常使用到这些方法。

第5章 数据采集

一个 Web 应用系统需要管理大量的数据，而其中的绝大部分数据都是来自于用户提交的信息。例如，各大门户网站的用户信息由各个用户在注册时提交进而由系统存储管理，图书管理系统中的图书信息需要由相关的管理人员输入等。本章将着重介绍使用 PHP 实现数据采集和提交处理的有关技术。

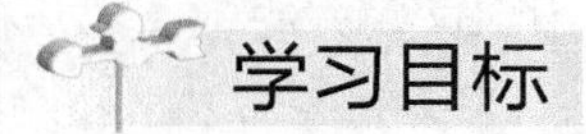

- 掌握表单常用元素的使用
- 掌握接收表单数据的方法
- 掌握文件的上传及处理
- 掌握表单数据验证及安全处理方法

5.1 form 表单采集数据

5.1.1 form 表单

PHP 使用 form 表单来构建用户输入界面，以收集不同类型的用户输入信息。一个完整的 form 表单由<form>元素和表单元素两个部分组成。

<form>元素实际上是一个用于定义表单的 HTML 元素，它本身在网页上没有任何的显示，而是描述了提交和处理表单信息的基本方式。其语法格式为：

```
<form action="数据处理页面 URL" method ="提交表单的 HTTP 方法">
    表单元素
</form>
```

<form>元素的两个最重要的属性是 action 和 method。

action 属性定义在提交表单时执行的动作处，指定表单的处理程序，也就是用于设置将表单数据提交给哪一个服务器页面来进行处理。如果省略 action 属性，则默认为当前页面。

method 属性指定在提交表单时所采用的数据传输的 HTTP 方法，包括 GET 和 POST 两种方式。如果省略 method 属性，则默认为 GET 方式。使用 GET 方式发送的表单数据对任何人都是可见的，所有变量名和值都将显示在浏览器的地址栏中，同时浏览器对发送信息的数据容量也有一定的限制，所以 GET 方式适用于少量的并且没有敏感信息的数据提交，如用户在查询信息时输入的搜索条件等。通过 POST 方法发送的信息会被嵌入在 HTTP

请求的主体中，对其他人是不可见的，安全性更高，并且对所发送信息的数量没有限制。因而 POST 经常用于提交 Web 应用系统需要管理及维护的数据，或密码等包含敏感信息的数据。

5.1.2 表单元素

表单元素是指 form 表单中包含的各种类型的输入元素，如文本框、单选按钮、复选框、下拉列表、提交按钮等。用户输入可以有多种方式，如从键盘输入、使用鼠标单选某个数据、选中多个信息项、在下拉列表中选择某项信息等。form 表单提供了多种元素供用户进行不同方式的信息输入，表 5-1 列出了一些常用的表单元素。

表 5-1 常用的表单元素

功能类别	语 法	界面显示	说 明
文本框	<input type="text" />		输入单行文本
密码框	<input type="password" />		输入密码，字符做掩码处理，显示为星号或实心圆
文本域	<textarea></textarea>		输入多行文本
单选按钮	<input type="radio" />选项	选项	在一组选项中选择单个选项。一组 name 属性值相同的单选按钮互斥
复选框	<input type="checkbox">选项	选项	在选项中选择零个或多个选项
下拉列表	<select size="…"> <option>选项 1</option> <option>选项 2</option> <option>选项 3</option> </select>	选项1 选项1 选项2 选项3	从列表中选择。size 属性为 1 呈现为下拉列表，大于 1 则呈现为列表框。若使用 mutiple 属性，则表示可多选。<option>定义选项，默认把首个选项显示为被选中项
文件框	<input type="file" />	浏览...	选择需要上传的文件
隐藏域	<input type="hidden" />	无	传递数据
提交按钮	<button>提交按钮</button>	提交按钮	向服务器提交表单
	<input type="submit" value="提交按钮" />		
	<input type="image" src="图片 URL" />	指定的图片	
按钮	<button type="button">普通按钮</button>	普通按钮	用户单击可以发送命令
	<input type="button" value="普通按钮" />		

此外，HTML 5 增加了多个新的输入类型，如下所示。

- <input type="number"/>：输入数值。
- <input type="date"/>：输入日期。
- <input type="range"/>：拖动滑块选择一定范围内的值。
- <input type="email"/>：输入电子邮件地址，在提交时自动进行验证。
- <input type="url">：输入 URL 地址，在提交时自动进行验证。

不同的浏览器对于上述 HTML 5 新增的输入类型的支持程度不同，如果浏览器不支持这些输入类型，则会将它们处理为普通的单行文本框<input type="text" />。

下面我们制作一个用户注册页面，该页面使用多种表单元素收集用户输入的信息。从本章开始，书中的案例将围绕一个完整的“学生信息管理”（StudentMIS）网站的制作展开，注册页面就是 StudentMIS 网站中的一个网页。

【例 5-1】制作用户注册页面。

本案例演示表单及表单元素的使用，介绍它们的常用属性，完成页面设计与布局，具体步骤如下。

（1）新建网站 StudentMIS，设置项目文件编码为 UTF-8。

（2）新建网页 Register.php，编辑网页代码。在 Register.php 网页文件中输入代码，完整的代码如下：

```
<!DOCTYPE html>
<html>
<head>
<meta charset="UTF-8">
<title>用户注册</title>
<style type="text/css">
body{
    margin:0px;
    text-align:center;
}
#reg{
    width:320px;
    border:1px solid blue;
    line-height:40px;
    margin:0 auto;
    padding-left:100px;
    padding-top:15px;
    padding-bottom:15px;
    text-align:left;
    font-size:14px;
}
</style>
```

```
</head>
<body>
<h1>用户注册</h1>
<form action="RegisterData.php" method="post">
<div id="reg">
    <div>
        学号：<input type="text" name="stuNo"/>
    </div>
    <div>
        姓名：<input type="text" name="stuName"/>
    </div>
    <div>
        密码：<input type="password" name="pwd"/>
    </div>
    <div style="margin-left:-28px;">
        确认密码：<input type="password" name="confirmPwd"/>
    </div>
    <div>
        班级：<select name="className">
                <option value="20180101">18 软件 1 班</option>
                <option value="20180102">18 软件 2 班</option>
                <option value="20180103">18 软件 3 班</option>
                <option value="20180104">18 软件 4 班</option>
                <option value="20180201">18 应用 1 班</option>
                <option value="20180202">18 应用 2 班</option>
                <option value="20180301">18 电气 1 班</option>
                <option value="20180302">18 电气 2 班</option>
            </select>
    </div>
    <div>
        性别：<input type="radio" name="sex" value="男" checked>男
              <input type="radio" name="sex" value="女">女
    </div>
    <div>
        爱好：<input type="checkbox" name="hobby[]" value="阅读"/>阅读
            <input type="checkbox" name="hobby[]" value="运动"/>运动
            <input type="checkbox" name="hobby[]" value="电影"/>电影
           <input type="checkbox" name="hobby[]" value="音乐"/>音乐
    </div>
    <div style="margin-left: 42px;margin-top:-12px;">
```

```
            <input type="checkbox" name="hobby[]" value="旅游"/>旅游
            <input type="checkbox" name="hobby[]" value="上网"/>上网
    </div>
    <div style="margin-left:85px;">
        <input type="submit" name="btnSubmit" value="注册"/>
    </div>
</div>
</form>
</body>
</html>
```

（3）运行网页，效果如图 5-1 所示。

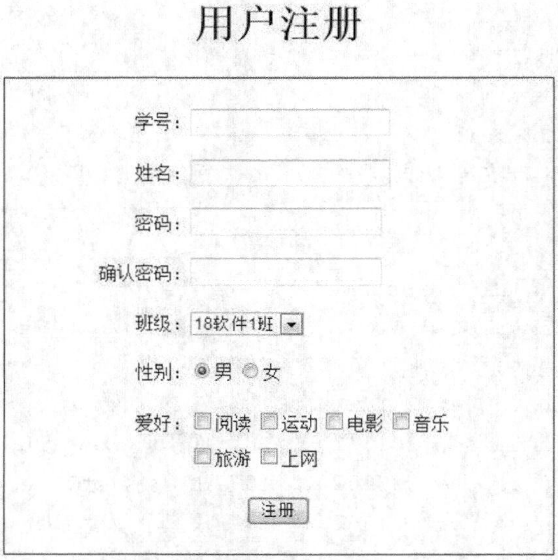

图 5-1 例 5-1 的运行结果

上面的代码中，form 表单的 action 属性设置为“RegisterData.php”，表示当用户单击“注册”按钮提交表单时，页面将跳转至 RegisterData.php，交由该网页来处理提交的数据。“method="post"”表示表单数据通过 HTTP 的 POST 方法发送。

网页中的每个表单元素都设置了 name 属性，这样才能保证用户输入的数据能够被正确提交。其中，代表“性别”选项的单选按钮具有相同的 name 属性值“sex”，表示它们是一组互斥的单选按钮，用户只能从中选中一个选项。其中，代表“男”的单选按钮标签中具有属性值 checked，表示默认选中该选项。

与此类似，代表“爱好”选项的所有复选框的 name 属性值都被设置为“hobby[]”，表示它们构成一组选项，用户可以从中选择一个或多个选项。需要特别注意的是，由于“爱好”允许有多个选项，可能存在多个值，为了确保能够识别和传送多值，复选框的 name 属性值名称后面加上了中括号“[]”以表达为数组。

“班级”“性别”和“爱好”的各个选项的标签中都设置了 value 属性，当提交表单时，将传送选中项的 value 属性值。

5.2 处理表单

当表单被提交时，用户在表单元素中填写的数据将会以关联数组的形式传递给处理程序，PHP 使用超全局变量$_GET 或$_POST 来收集表单数据。以 GET 方法发送的数据使用变量$_GET 收集，以 POST 方法发送的数据使用变量$_POST 来收集。它们都创建关联数组，包含键/值对，数组元素的键是表单元素的 name 属性，而值就是用户的输入数据，所以在表单处理程序中就可以使用“$_GET["表单元素 name 属性"]”或“$_POST["表单元素 name 属性"]”来得到用户输入的数据。例如，对于例 5-1 中在用户注册页面上输入的学号，在处理程序页面 RegisterData.php 中可以使用“$_POST["stuNo"]”取得，姓名可以使用“$_POST["stuName"]”来取得。

此外还有一种传送多值参数的情况。用户注册中的“爱好”这项信息，可以通过复选框选择多个选项，此时需要传送和收集多值参数。这些复选框的命名必须相同，并且以“[]”结尾，表示该信息需要使用数组进行传递，在案例中它们被命名为“hobby[]”。当表单被提交时，“$_POST["hobby"]”将包含一个数组，而不是一个简单的字符串，这个数组中具有用户选择的所有值。

【例 5-2】制作数据处理页面，显示用户注册提交的信息。

本案例演示如何获取用户在表单中填写的数据，如何使用超全局变量$_POST 来收集单值和多值参数，具体步骤如下。

（1）新建 PHP 文件 RegisterData.php，在网页文件中输入代码，完整的代码如下：

```
<!DOCTYPE html>
<html>
<head>
<meta charset="UTF-8">
<title>用户注册信息</title>
</head>
<body>
<?php
//获取学号
if($_POST['stuNo']){
    $stuNo=$_POST['stuNo'];
}
else{
    $stuNo='没有填写！';
}
//获取姓名
if($_POST['stuName']){
    $stuName=$_POST['stuName'];
}
else{
```

```
    $stuName='没有填写！';
}
//获取密码
if($_POST['pwd']){
    $password=$_POST['pwd'];
}
else{
    $password='没有填写！';
}
//获取班级
$className=$_POST['className'];
//获取性别
$sex=$_POST['sex'];
//获取爱好
if(array_key_exists('hobby', $_POST)){
    //如果用户选择了爱好，则将爱好数组中的元素连接起来，以逗号分隔
    $hobby=join(', ',$_POST['hobby']);
}
else{
    $hobby='没有任何爱好！';
}
?>
<h1>注册成功！您的注册信息如下：</h1>
    学号：<?=$stuNo?>
    <br/>
    姓名：<?=$stuName?>
    <br/>
    密码：<?=$password?>
    <br/>
    班级：<?=$className?>
    <br/>
    性别：<?=$sex?>
    <br/>
    爱好：<?=$hobby?>
</body>
</html>
```

（2）运行网页 Register.php，在用户注册页面输入各项信息，如图 5-2 所示，单击“注册”按钮，跳转到信息处理页面 RegisterData.php，效果如图 5-3 所示。

上面的代码演示了使用$_POST 来收集表单数据。如果表单是采用 GET 方式传送的，则使用变量$_GET 来收集表单数据，方法与此类似。

用户注册

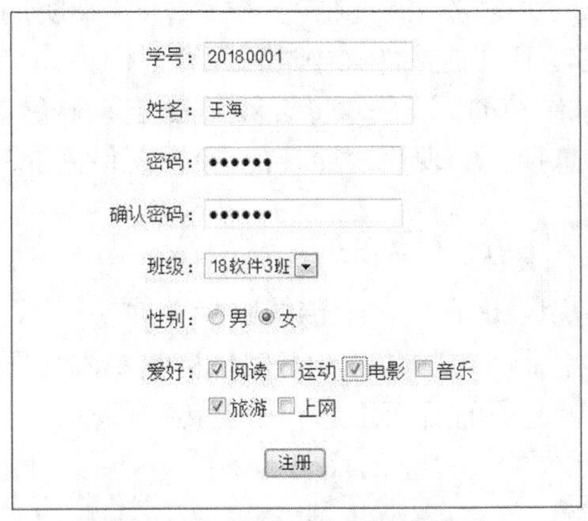

图 5-2 填写用户注册信息

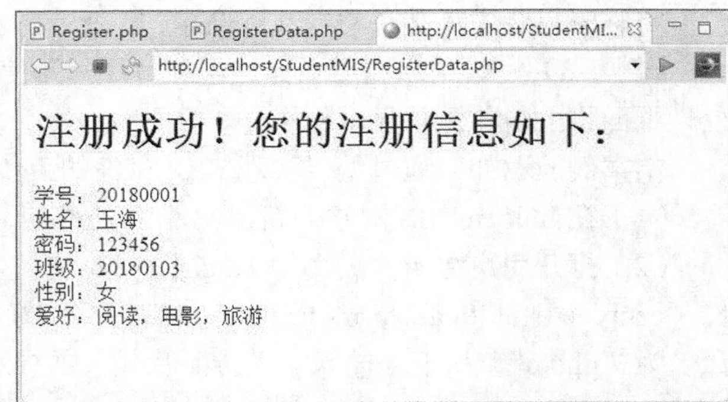

图 5-3 显示用户注册信息

5.3 文件上传

文件上传是指用户将本地的文件上传到服务器，PHP 可以轻松地实现文件上传。

5.3.1 文件上传处理

实现文件上传主要包括以下几个方面的工作。

- 网页表单设置为“enctype="multipart/form-data"”，表示表单将采用一种特殊的编码方式工作，这是实现文件上传的首要条件。
- 表单中使用上传文件框<input type="file" name="…" />，让用户可以选择需要上传的文件。
- 表单提交后，表单处理程序使用全局变量$_FILES 数组接收和处理上传的文件信息。
- 使用 move_uploaded_file()方法将上传的文件移动到指定文件夹进行保存。

全局变量$_FILES 数组包含了上传文件的所有信息，如表 5-2 所示。其中的键名 userfile 是指表单中的上传文件框所设置的 name 名称。

表 5-2 $_FILES 数组

$_FILES 数组变量	内 容
$_FILES['userfile']['name']	客户端用户上传文件的原名称。如果表单中没有选择上传的文件，$_FILES['userfile']['tmp_name'] 将为空
$_FILES['userfile']['type']	文件的 MIME 类型，如 image/gif、application/pdf 等
$_FILES['userfile']['size']	上传文件的大小，单位为字节。如果表单中没有选择上传的文件或上传的文件大小超过限制范围，则 $_FILES['userfile']['size'] 的值为 0
$_FILES['userfile']['tmp_name']	文件上传后在服务器端存储的临时文件名
$_FILES['userfile']['error']	与文件上传有关的错误代码

文件成功上传到服务器后，将存储在服务器的一个默认的临时目录中。该临时目录可以在配置文件 php.ini 中通过修改 upload_tmp_dir 变量来重新设置。随后，需要使用 move_uploaded_file()方法将临时目录中的上传文件移动到其他文件夹中进行保存。因为如果没有将临时目录中的文件移走或重命名，则表单请求结束时，该文件将会被 PHP 自动删除。

【例 5-3】 完善用户注册页面，添加“照片”信息项，实现用户照片的上传，并在信息处理页面将上传的照片显示出来。

本案例演示如何通过编码实现 PHP 文件的上传，具体步骤如下。

（1）在 StudentMIS 网站下新建文件夹 Upload，用于保存用户上传的照片文件。

（2）打开用户注册网页文件 Register.php，修改代码。首先在 form 表单标签中添加属性“enctype="multipart/form-data"”，然后在“爱好”选项的后面添加一个上传文件框，并命名为“photo”，接下来输入与上传照片相关的提示文字。完整的代码如下：

```
<!DOCTYPE html>
<html>
<head>
<meta charset="UTF-8">
<title>用户注册</title>
<style type="text/css">
body{
    margin:0px;
    text-align:center;
}
#reg{
    width:360px;
    border:1px solid blue;
    line-height:40px;
    margin:0 auto;
    padding-left:100px;
    padding-top:15px;
    padding-bottom:15px;
    text-align:left;
    font-size:14px;
}
</style>
</head>
<body>
<h1>用户注册</h1>
<form action="RegisterData.php" method="post" enctype="multipart/form-data">
<div id="reg">
    <div>
        学号: <input type="text" name="stuNo"/>
```

```
</div>
<div>
    姓名：<input type="text" name="stuName"/>
</div>
<div>
    密码：<input type="password" name="pwd"/>
</div>
<div style="margin-left:-28px;">
    确认密码：<input type="password" name="confirmPwd"/>
</div>
<div>
    班级：<select name="className">
            <option value="20180101">18 软件 1 班</option>
            <option value="20180102">18 软件 2 班</option>
            <option value="20180103">18 软件 3 班</option>
            <option value="20180104">18 软件 4 班</option>
            <option value="20180201">18 应用 1 班</option>
            <option value="20180202">18 应用 2 班</option>
            <option value="20180301">18 电气 1 班</option>
            <option value="20180302">18 电气 2 班</option>
        </select>
</div>
<div>
    性别：<input type="radio" name="sex" value="男" checked>男
        <input type="radio" name="sex" value="女">女
</div>
<div>
    爱好：<input type="checkbox" name="hobby[]" value="阅读"/>阅读
        <input type="checkbox" name="hobby[]" value="运动"/>运动
        <input type="checkbox" name="hobby[]" value="电影"/>电影
        <input type="checkbox" name="hobby[]" value="音乐"/>音乐
</div>
<div style="margin-left: 42px;margin-top:-12px;">
        <input type="checkbox" name="hobby[]" value="旅游"/>旅游
        <input type="checkbox" name="hobby[]" value="上网"/>上网
</div>
<div>
    照片：<input type="file" name="photo"/>
    <br/>*上传文件大小不要超过 2MB，必须是.jpg、.gif、.png 类型
</div>
<div style="margin-left:85px;">
```

```
        <input type="submit" name="btnSubmit" value="注册"/>
    </div>
</div>
</form>
</body>
</html>
```

（3）运行用户注册网页文件 Register.php，界面如图 5-4 所示。

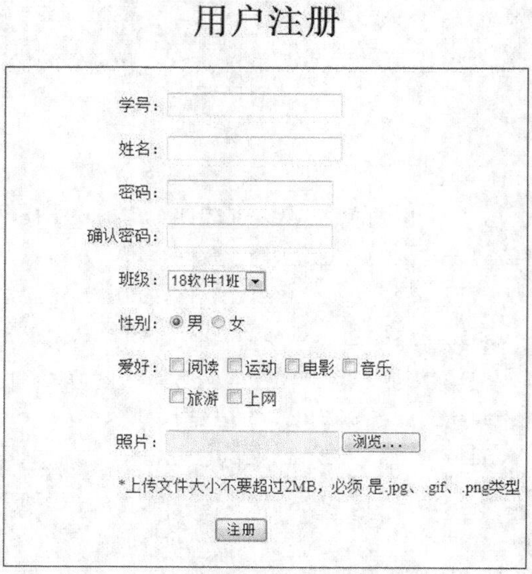

用户注册

学号：

姓名：

密码：

确认密码：

班级：18软件1班

性别：男 女

爱好：阅读 运动 电影 音乐 旅游 上网

照片： 浏览...

*上传文件大小不要超过2MB，必须 是.jpg、.gif、.png类型

注册

图 5-4　允许上传照片的用户注册页面

（4）打开表单处理网页文件 RegisterData.php，修改代码，完整的代码如下：

```
<!DOCTYPE html>
<html>
<head>
<meta charset="UTF-8">
<title>用户注册信息</title>
</head>
<body>
<?php
//获取学号
if($_POST['stuNo']){
    $stuNo=$_POST['stuNo'];
}
else{
    $stuNo='没有填写！';
}
//获取姓名
if($_POST['stuName']){
```

```
    $stuName=$_POST['stuName'];
}
else{
    $stuName='没有填写！';
}
//获取密码
if($_POST['pwd']){
    $password=$_POST['pwd'];
}
else{
    $password='没有填写！';
}
//获取班级
$className=$_POST['className'];
//获取性别
$sex=$_POST['sex'];
//获取爱好
if(array_key_exists('hobby', $_POST)){
    //如果用户选择了爱好，则将爱好数组中的元素连接起来，以逗号分隔
    $hobby=join(', ',$_POST['hobby']);
}
else{
    $hobby='没有任何爱好！';
}
//处理照片上传
$fname=$_FILES['photo']['name'];    //文件名
$destination='Upload/'.$fname;    //文件存储目标路径
//上传的文件从临时文件夹移至目标文件夹
move_uploaded_file($_FILES['photo']['tmp_name'], $destination);
?>

<h1>注册成功！您的注册信息如下：</h1>
    学号：<?=$stuNo?>
    <br/>
    姓名：<?=$stuName?>
    <br/>
    密码：<?=$password?>
    <br/>
    班级：<?=$className?>
    <br/>
    性别：<?=$sex?>
    <br/>
```

```
    爱好：<?=$hobby?>
    <br/>
    照片：<img src='<?=$destination?>' style='width:150px;height:120px;'/>
</body>
</html>
```

（5）运行用户注册页面，填写各项信息，然后单击上传文件框后的“浏览”按钮，在弹出的文件对话框中选择一个需要上传的图片文件，接下来单击“注册”按钮，进入信息处理页面，界面显示效果如图 5-5 所示。

图 5-5　信息处理页面显示效果

可以看到，上传的图片在信息处理页面上正常显示，同时在网站的 Upload 文件夹下已经存储了刚刚上传的图片文件，表明图片上传成功。

5.3.2　上传文件检查

文件上传时最可能遇到的问题就是文件太大而无法处理。PHP 的配置文件 php.ini 中有一个 upload_max_filesize 选项，用于设定上传文件大小的限制值，默认值为 2MB，开发人员可以根据需要来修改这个值。上传文件的大小超出了该限制值将会出错，因此我们需要在程序中进行必要的检查和控制。我们可以对“$_FILES['userfile']['error']”变量中的错误代码来进行适当处理。表 5-3 列出了“$_FILES['userfile']['error']”的部分错误代码。

表 5-3　“$_FILES['userfile']['error']”变量的部分错误代码

错误代码	含　义
0	没有错误发生，文件上传成功
1	上传的文件超过了 php.ini 中 upload_max_filesize 选项限制的值
2	上传文件的大小超过了 HTML 表单中 MAX_FILE_SIZE 选项指定的值
3	文件只有部分被上传
4	没有文件被上传

此外，文件上传通常还需要检查文件类型，可以通过“$_FILES['userfile']['type']”变量来排除文件类型不符合要求的文件。

【例 5-4】完善用户注册的信息处理页面，检查上传文件是否为.jpg、.gif 或者.png 图片类型。如果不符合要求，则显示提示信息；如果文件大小超过限制范围，则显示相应的提示信息。

本案例演示使用“$_FILES['userfile']['type']”变量来检查文件类型，以及使用“$_FILES['userfile']['error']”变量来进行错误处理，具体步骤如下。

（1）打开表单处理网页文件 RegisterData.php，修改代码，完整的代码如下：

```
<!DOCTYPE html>
<html>
<head>
<meta charset="UTF-8">
<title>用户注册信息</title>
</head>
<body>
<?php
//获取学号
if($_POST['stuNo']){
    $stuNo=$_POST['stuNo'];
}
else{
    $stuNo='没有填写！';
}
//获取姓名
if($_POST['stuName']){
    $stuName=$_POST['stuName'];
}
else{
    $stuName='没有填写！';
}
//获取密码
if($_POST['pwd']){
    $password=$_POST['pwd'];
}
else{
    $password='没有填写！';
}
//获取班级
$className=$_POST['className'];
//获取性别
```

```
$sex=$_POST['sex'];
//获取爱好
if(array_key_exists('hobby', $_POST)){
    //如果用户选择了爱好，则将爱好数组中的元素连接起来，以逗号分隔
    $hobby=join(', ',$_POST['hobby']);
}
else{
    $hobby='没有任何爱好！';
}
//处理照片上传
switch ($_FILES['photo']['error']){  //上传文件的错误信息
    case 0:   //成功上传
        //要求的文件类型
        $ftypes=['image/gif','image/pjpeg','image/jpeg','image/x-png'];
        $type=$_FILES['photo']['type'];  //上传文件的文件类型
        if(in_array($type,$ftypes)){  //上传的文件是指定的类型
            $fname=$_FILES['photo']['name'];   //文件名
            $destination='Upload/'.$fname;   //文件存储目标路径
            move_uploaded_file($_FILES['photo']['tmp_name'], $destination);
//上传的文件从临时文件夹移至目标文件夹
        }
        else{
            $txt="上传文件类型不符合要求！";
        }
        break;
    case 1:   //文件大小超过了 PHP 默认的限制值 2MB
        $txt="上传文件出错，文件大小超过了限制！";
        break;
    case 4:   //没有选择上传文件
        $txt="没有上传照片！";
        break;
}
?>

<h1>注册成功！您的注册信息如下：</h1>
    学号：<?=$stuNo?>
    <br/>
    姓名：<?=$stuName?>
    <br/>
    密码：<?=$password?>
    <br/>
```

```
    班级：<?=$className?>
    <br/>
    性别：<?=$sex?>
    <br/>
    爱好：<?=$hobby?>
    <br/>
    照片：
<?php
if(isset($txt)){
    echo $txt;    //输出错误提示
}
else{
    //显示上传的图片
    echo '<img src="',$destination,'" style="width:150px;height:120px;"/>';
}
?>
</body>
</html>
```

（2）运行用户注册页面，填写各项信息，在上传文件框中选择一个超过 2MB 的文件，然后单击“注册”按钮，进入信息处理页面，“照片”位置将出现错误提示信息“上传文件出错，文件大小超过了限制！”，如图 5-6 所示。

图 5-6　用户上传的文件大小超过限制

（3）在用户注册页面的上传文件框中选择一个非图片类型的文件，单击“注册”按钮，信息处理页面的“照片”位置将出现错误提示信息“上传文件类型不符合要求！”。

（4）在用户注册页面不选择上传文件，单击“注册”按钮，信息处理页面的“照片”位置将出现错误提示信息“没有上传照片！”。

（5）在用户注册页面的上传文件框中选择一个小于 2MB 的.jpg、.gif 或者.png 图片，单击“注册”按钮，文件将成功上传，信息处理页面的“照片”位置将显示上传的图片，效果与图 5-5 类似。

5.4 数据验证

用户输入的数据需要进行适当的验证，以防止安全漏洞和垃圾信息。通常在 HTML 表单页面使用 JavaScript 代码对数据进行验证，同时在处理表单的 PHP 页面也做一定的处理。

5.4.1 表单验证

HTML 表单包含多种输入字段，通常需要进行的验证包括必填、输入等是否符合某种规则。下面通过例 5-5 来进行说明。

【例 5-5】完善用户注册页面，添加“手机”和“邮箱”两个信息项，并对用户输入的数据进行验证。如果验证错误，则显示出错提示信息，终止表单提交。如果所有的输入都验证正确，则提交表单。用户注册页面需要处理的验证包括：

- 学号、姓名、密码必填；
- 密码与确认密码必须相同；
- 手机必须符合移动电话号码规则；
- 邮箱必须符合输入规则。

本案例演示使用 JavaScript 编程验证表单数据，具体步骤如下。

（1）打开用户注册网页文件 Register.php，添加代码，在“学号”“姓名”“密码”文本框的右侧分别添加一个<span>文字标签，用于显示验证出错时的提示信息，然后添加 JavaScript 代码验证它们为必填信息。代码如下：

```
<!DOCTYPE html>
<html>
<head>
…
<style type="text/css">
…
.error{
    color:red;
}
</style>
</head>
<body>
<h1>用户注册</h1>
<form action="RegisterData.php" method="post" enctype="multipart/form-data">
<div id="reg">
    <div>
        学号: <input type="text" name="stuNo"/><span class="error">*</span>
    </div>
```

```
    <div>
        姓名：<input type="text" name="stuName"/><span class="error">*</span>
    </div>
    <div>
        密码：<input type="password" name="pwd"/><span class="error">*</span>
    </div>
…
</form>
<script type="text/javascript">
var elform = document.getElementsByTagName("form")[0]; //获取表单
elform.onsubmit=function(){
    //表单提交，调用checkData()函数验证数据，如果验证出错，中止表单提交
    return checkData();
}
//验证各项用户输入的数据
function checkData(){
    var valid=true;  //验证是否通过的标识
    //学号必填
    var elStuNo=document.getElementsByName("stuNo")[0];  //获取学号文本框
    if(elStuNo.value==""){
        //学号文本框右侧的文字标签显示提示信息
        elStuNo.nextSibling.innerHTML="*学号必填！";
        valid=false;  //验证错误
    }
    else{
        elStuNo.nextSibling.innerHTML="*";  //清除错误提示信息
    }

    //姓名必填
    var elStuName=document.getElementsByName("stuName")[0];  //获取姓名文本框
    if(elStuName.value==""){
        elStuName.nextSibling.innerHTML="*姓名必填！";
        valid=false;
    }
    else{
        elStuName.nextSibling.innerHTML="*";
    }

    //密码必填
    var elPwd=document.getElementsByName("pwd")[0];  //获取密码文本框
```

```
    if(elPwd.value==""){
        elPwd.nextSibling.innerHTML="*密码必填！";
        valid=false;
    }
    else{
        elPwd.nextSibling.innerHTML="*";
    }
    return valid;  //返回验证结果
}
</script>
</body>
</html>
```

（2）验证密码与确认密码必须相同。继续添加代码，在“确认密码”文本框的右侧添加<span>文字标签显示出错提示信息，然后添加 JavaScript 代码进行验证。代码如下：

```
…
<form action="RegisterData.php" method="post" enctype="multipart/form-data">
    …
    <div style="margin-left:-28px;">
        确认密码：<input type="password" name="confirmPwd"/><span class="error">*
</span>
    </div>
    …
</form>
<script type="text/javascript">
    …
    //确认密码必须与密码相同
   //获取确认密码文本框
   var elConfirmPwd=document.getElementsByName("confirmPwd")[0];
    if(elConfirmPwd.value!=elPwd.value){
        elConfirmPwd.nextSibling.innerHTML="*确认密码必须与密码一致！";
        valid=false;
    }
    else{
        elConfirmPwd.nextSibling.innerHTML="*";
    }
    return valid;  //返回验证结果
}
</script>
…
```

（3）验证手机号码必须符合移动电话号码规则。在 form 表单中的“爱好”选项后添加“手机”输入文本框和出错提示文字信息，然后添加 JavaScript 代码进行验证。代码如下：

```
…
<form action="RegisterData.php" method="post" enctype="multipart/form-data">
   …
   <div>
      手机：<input type="text" name="mobile"/><span class="error"></span>
   </div>
   …
</form>
<script type="text/javascript">
   …
   //手机号码输入必须符合规则
   var elMobile=document.getElementsByName("mobile")[0];  //获取手机文本框
   var regexMobile = /^1[3|5|8]\d{9}$/;  //手机号码规则
   if(elMobile.value!=""&&!regexMobile.test(elMobile.value)){
      elMobile.nextSibling.innerHTML="*请输入有效的手机号码！";
      valid=false;
   }
   else{
      elMobile.nextSibling.innerHTML="";
   }
   return valid;  //返回验证结果
}
</script>
…
```

（4）验证邮箱必须符合输入规则。在 form 表单中的“手机”信息后面添加“邮箱”输入文本框和出错提示文字信息，然后添加 JavaScript 代码进行验证。代码如下：

```
…
<form action="RegisterData.php" method="post" enctype="multipart/form-data">
   …
   <div>
      邮箱：<input type="text" name="email"/><span class="error"></span>
   </div>
   …
</form>
<script type="text/javascript">
   …
   var elEmail=document.getElementsByName("email")[0];  //获取邮箱文本框
   var regexEmail =/([\w\-]+\@[\w\-]+\.[\w\-]+)/;  //电子邮箱地址规则
```

```
    if(elEmail.value!=""&&!regexEmail.test(elEmail.value)){
        elEmail.nextSibling.innerHTML="*请输入有效的邮箱地址！";
        valid=false;
    }
    else{
        elEmail.nextSibling.innerHTML="";
    }
    return valid;  //返回验证结果
}
</script>
…
```

（5）运行网页文件 Register.php，在各个文本框中输入无效数据后单击“注册”按钮，将会出现各项错误提示信息，如图 5-7 所示。如果所有数据都正确输入，则表单将正常提交并进入信息处理页面。

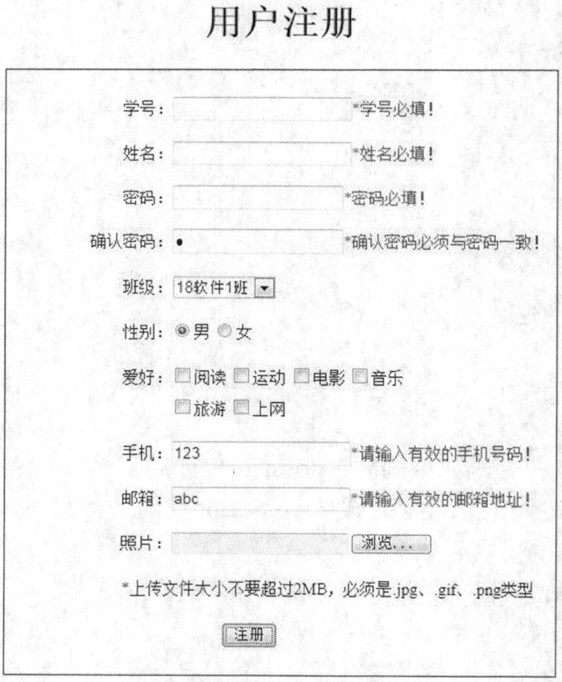

图 5-7　用户输入数据验证

5.4.2　提交数据的安全处理

表单提交后，还需要对数据做一些处理，以保证其安全性。安全处理主要包括以下几个方面。

- 通过 PHP 的 htmlspecialchars()函数传递所有变量。用户提交的数据中如果包含 HTML 标签，可能会对网页造成危害，可以通过 htmlspecialchars()函数把特殊字符转换为转义代码，使其不再是 HTML 实体。例如，“<”和“>”之类的 HTML

字符会被替换为“<”和“>”，从而可以防止攻击者通过在表单中输入 HTML 或 JavaScript 代码对网站形成安全风险。

- 可以通过 PHP 的 trim()函数来去除用户输入数据中的不必要字符，如多余的空格、制表符、换行符等。
- 通过 PHP stripslashes()函数处理反斜杠“\”。

【例 5-6】完善用户注册的信息处理页面，提高数据安全性。

本案例演示如何对通过表单提交的用户数据进行处理，预防安全漏洞并提高数据的有效性。案例首先创建了一个名为 checkInput()的数据检查函数，然后通过该函数检查每个 $_POST 变量，具体步骤如下。

（1）打开用户注册的信息处理网页文件 RegisterData.php，修改代码如下：

```
<!DOCTYPE html>
<html>
<head>
<meta charset="UTF-8">
<title>用户注册信息</title>
</head>
<body>
<?php
//处理用户提交的原始数据
function checkInput($data) {
   $data = trim($data);   //去除空格等不必要的字符
   $data = stripslashes($data);  //删除反斜杠
   $data = htmlspecialchars($data);   //转义 HTML 特殊字符
   return $data;
}
//获取学号
$stuNo=checkInput($_POST['stuNo']);
if(empty($stuNo)){
   $stuNo='没有填写！';
}
//获取姓名
$stuName=checkInput($_POST['stuName']);
if(empty($stuName)){
   $stuName='没有填写！';
}
//获取密码
$password=checkInput($_POST['pwd']);
if(empty($password)){
   $password='没有填写！';
}
```

```
//获取班级
$className=checkInput($_POST['className']);
//获取性别
$sex=checkInput($_POST['sex']);
//获取爱好
if(array_key_exists('hobby', $_POST)){
    //如果用户选择了爱好，则将爱好数组中的元素连接起来，以逗号分隔
    $hobby=join(', ',$_POST['hobby']);
}
else{
    $hobby='没有任何爱好！';
}
//获取手机
$mobile=checkInput($_POST['mobile']);
if(empty($mobile)){
    $mobile='没有填写！';
}
//获取邮箱
$email=checkInput($_POST['email']);
if(empty($email)){
    $email='没有填写！';
}
//处理照片上传
switch ($_FILES['photo']['error']){//上传文件的错误信息
    case 0:  //成功上传
        //要求的文件类型
        $ftypes=['image/gif','image/pjpeg','image/jpeg','image/x-png'];
        $type=$_FILES['photo']['type'];  //上传文件的文件类型
        if(in_array($type,$ftypes)){  //上传文件是指定的类型
            $fname=$_FILES['photo']['name'];   //文件名
            $destination='Upload/'.$fname;   //文件存储目标路径
            move_uploaded_file($_FILES['photo']['tmp_name'], $destination);
//上传的文件从临时文件夹移至目标文件夹
        }
        else{
            $txt="上传文件类型不符合要求！";
        }
        break;
    case 1:  //文件大小超过了 PHP 默认的限制 2MB
        $txt="上传文件出错，文件大小超过了限制！";
        break;
```

```
    case 4:   //没有选择上传文件
        $txt="没有上传照片！";
        break;
}
?>

<h1>注册成功！您的注册信息如下：</h1>
    学号：<?=$stuNo?>
    <br/>
    姓名：<?=$stuName?>
    <br/>
    密码：<?=$password?>
    <br/>
    班级：<?=$className?>
    <br/>
    性别：<?=$sex?>
    <br/>
    爱好：<?=$hobby?>
    <br/>
    手机：<?=$mobile?>
    <br/>
    邮箱：<?=$email?>
    <br/>
    照片：
<?php
if(isset($txt)){
    echo $txt;    //输出错误提示
}
else{
    echo '<img src="',$destination,'" style="width:150px;height:120px;"/>';
//显示上传的图片
}
?>
</body>
</html>
```

（2）运行用户注册页面，分别在各个文本框中输入空格、反斜杠或HTML元素标签，单击“注册”按钮跳转到信息处理页面，可以看到页面对这些特殊输入都做出了处理。如果用户在某个文本框中的输入全部是空格，页面将会显示“没有填写!”；如果用户输入的是HTML标签字符，如<a>hello</a>，那么页面将显示为原样的字符串，而不是一个链接。

5.5 小结

提供交互页面让用户输入各种信息并收集数据是 Web 应用系统中非常重要的一环。在 PHP Web 应用中，使用 HTML form 表单制作用户输入界面，开发人员需要充分考虑界面友好性，选用合适的表单元素让用户输入，并对用户输入的数据进行验证，以保证数据的安全性和有效性。

第6章 页面引用

网站的设计和制作不仅需要保证网站功能的实现，同时还需要特别关注网页的美观性、网站页面风格的统一、良好的用户交互性。一个赏心悦目、使用方便的网站将吸引更多的用户访问。在开始动手制作网站之前需要做充分的设计，规划网站的整体风格与页面布局。

用户可以看到，Web 应用的一组页面或所有页面往往具有共同的布局、外观和标准，如视觉交互效果一致的网站标志区、导航栏或页脚。在 PHP 中，可以首先创建能够在多个页面重复使用的页眉、页脚或元素网页，然后在各个页面加以引用。这样一方面可以保证网站风格的统一，另一方面也极大地提高了网站开发和维护的效率。

学习目标

- 掌握利用 div 和 CSS 技术实现页面布局的方法
- 掌握页面包含语句的使用

6.1 页面布局

页面布局通常采用 div 和 CSS（Cascading Style Sheets，层叠样式表）技术实现。div 是一个 HTML 标签，<div>元素并没有特定的含义，它通常作为一个容器来组合其他 HTML 元素。CSS 通过描述样式来定义浏览器如何显示 HTML 元素，包括元素的布局和外观样式。<div>元素能够轻松地通过 CSS 来对其进行定位，灵活地设置各种样式，所以常作为布局工具。HTML 5 中新增了多个定义网页不同部分的语义元素，例如，header 定义页眉，nav 定义导航区，footer 定义页脚，aside 定义侧边栏，section 定义一个独立的区节内容块等。在使用中可以将它们理解为具有语义的 div。下面通过案例来说明页面布局的实现。

【例 6-1】设计“学生信息管理”网站的主页，制作主页的头部与导航区、页脚区。

本案例演示如何使用 div+CSS 技术实现页面布局。要制作的主页采用“三”字形布局，网页从上往下依次为头部与导航区、内容区和页脚区，界面布局如图 6-1 所示。

主页的头部为网站横条标志，下方为导航区，包含链接菜单。接下来是显示页面主要内容的区域，该内容区将根据每个页面的不同功能呈现不同的内容。底部为页脚区，是一个显示网站版权信息的横条区域。头部、导航区和页脚区将在网站的每个页面中出现，因此可以将它们制作成独立的网页，从而在每个页面中进行引用。

图 6-1　主页界面布局

本案例将采用 div+CSS 技术来制作头部与导航区、页脚区，具体步骤如下。

（1）将所需图像放入网站。页面头部和底部页脚区所用图像的文件名分别为 banner.jpg 和 footer.jpg。在 StudentMIS 网站下新建 Images 文件夹，该文件夹用于保存网页所使用的图片文件，将准备好的图片添加到 Images 文件夹中。

（2）创建头部与导航区。在 StudentMIS 网站下新建 HTML 文件，命名为 HeaderNav .html，代码如下：

```
<!-- 网页头部 -->
<header></header>
<!-- 导航区 -->
<nav>
  <ul>
    <li><a href="Index.php">主页</a></li>
    <li><a href="Login.php">用户登录</a></li>
    <li><a href="Register.php">学生注册</a></li>
    <li><a href="Student.php">学生信息</a></li>
    <li><a href="Results.php">成绩查询</a></li>
  </ul>
</nav>
<!-- 内容区的开始 -->
<main>
```

（3）创建页脚区。在 StudentMIS 网站下新建 HTML 文件，命名为 Footer.html，代码如下：

```
<!-- 内容区结束 -->
</main>
<!-- 网页页脚 -->
<footer>© 深圳职业技术学院计算机工程学院 2018</footer>
```

（4）创建样式表文件，设置网页元素样式。在 StudentMIS 网站下新建 CSS 文件，命名为 Style.css，在文件中输入如下样式代码：

```
/* 网页元素边距清零 */
body,header,nav,ul,li,main,footer{
    margin: 0;
}
/* header 头部宽为 960 像素，高为 130 像素，背景图片为 Images/banner.jpg，居中 */
header {
    width:960px;
    height:130px;
    background-image: url('Images/banner.jpg');
    margin: 0px auto;
}
/* nav 导航区宽为 960 像素，高为 30 像素，背景颜色为#D2E9FF，居中  */
nav {
    width: 960px;
    height: 30px;
    background-color:#D2E9FF;
    margin: 0px auto;
}
/* 去掉 nav 导航区列表的默认的圆点标记 */
nav ul{
    list-style-type:none;
    margin-left: -40px;
}
/* nav 导航区的各列表项水平放置  */
nav ul li {
    width: 100px;
    height: 30px;
    line-height: 30px;
    text-align:center;
    float: left;
}
/* 去掉 nav 导航区各链接默认的下画线  */
```

```
nav a{
    display:block;
    width:100px;
    text-decoration:none;
}
/* main 内容区宽为 960 像素，居中，银色细线边框  */
main{
    width:960px;
    margin: 0px auto;
    text-align:center;
    border:1px solid silver;
    padding-bottom:40px;
}
/* footer 页脚宽为 960 像素，高为 60 像素，背景图片为 Images/footer.jpg，居中  */
footer{
    width:960px;
    height:60px;
    background-image: url('Images/footer.jpg');
    margin: 0px auto;
    line-height: 60px;
    text-align: center;
    color:white;
}
```

（5）打开头部与导航区文件 HeaderNav.html，在文件开始位置添加如下引用样式文件的代码：

```
<link rel="stylesheet" type="text/css"  href="Style.css"/>
<!-- 网页头部 -->
…
```

（6）运行头部与导航区文件，效果如图 6-2 所示。

图 6-2　头部与导航区的效果

至此，头部与导航区、页脚区已经制作完毕。此时如果直接运行页脚区文件，所显示的效果将与图 6-1 中的页脚部分不完全相同，这是因为页脚区文件中没有添加引用样式文件的代码。由于 StudentMIS 网站中的其他网页将同时引用头部与导航区、页脚区的文件，从整体上来看，只需要在头部与导航区文件中添加引用样式文件 Style.css 即可，在页脚区文件中不再重复添加该代码。

6.2 页面包含

页面包含常用于可在多个页面重复使用的代码、函数、页眉、页脚或元素。PHP 提供了 4 个相关的语句：include、require、include_once 和 require_once。

6.2.1 include 和 require

使用 include 或 require 语句可以将一个网页文件的内容插到另一个 PHP 文件之中。在服务器执行页面之前，include 或 require 语句会获取指定文件中的所有文本和代码，并将它们复制到使用包含语句的文件中。

include 和 require 语句的语法如下：

```
include '文件路径';
require '文件路径';
```

包含文件可以帮助开发人员节省大量的工作，可以为网站的所有页面创建标准页头、页脚或菜单文件。当页头或菜单需要更新时，只需更新这个被包含的文件即可，大大提高了网站的维护效率。除此之外，通常也将共用的代码或函数放在包含文件中以供多个 PHP 文件使用，在包含文件中定义的所有函数和类都具有全局作用域。

include 和 require 语句的不同之处在于它们的错误处理方式。如果用 include 语句引用某个文件并且 PHP 无法找到它，则只生成警告，脚本会继续执行，而 require 语句则会生成致命错误并停止脚本。

【例 6-2】制作“学生信息管理”网站的主页。

本案例演示如何在 PHP 文件中使用 include 语句包含页面。例 6-1 中已经制作完成了头部与导航区、页脚区，在主页中可以直接加以引用，然后制作内容区的页面内容即可，具体步骤如下。

（1）准备图像。主页内容区显示的图像为 main.jpg，将其添加到 Images 文件夹中。

（2）新建主页 Index.php，添加的完整代码如下：

```
<!DOCTYPE html>
<html>
<head>
<meta charset="utf-8">
<title>学生信息管理系统</title>
</head>
<body>
<?php
include 'HeaderNav.html';  //包含页头与导航区
?>
<!-- 内容区的元素 -->
<img src="Images/main.jpg" style="margin-top:80px;"/>
<p>欢迎访问学生信息管理系统！</p>
<?php
include 'Footer.html';   //包含页脚区
```

```
?>
</body>
</html>
```

（3）运行主页，页面显示图 6-1 所示的设计界面。

【例 6-3】 完善用户注册页面和注册信息处理页面，使它们与主页具有一致的风格。

本案例主要说明如何使用 include 语句包含共同的头部与导航、页脚来实现网站风格的统一，具体步骤如下。

（1）打开用户注册文件 Register.php，添加页面包含代码。首先在<body>标签后面添加<?php include 'HeaderNav.html'; ?>语句包含头部与导航区，然后在</body>结束标签之前添加<?php include 'Footer.html'; ?>语句包含页脚区。

（2）修改注册信息处理页面 RegisterData.php，参照步骤（1）添加页面包含代码。

（3）浏览用户注册页面和注册信息处理页面，页面显示分别如图 6-3 和图 6-4 所示。

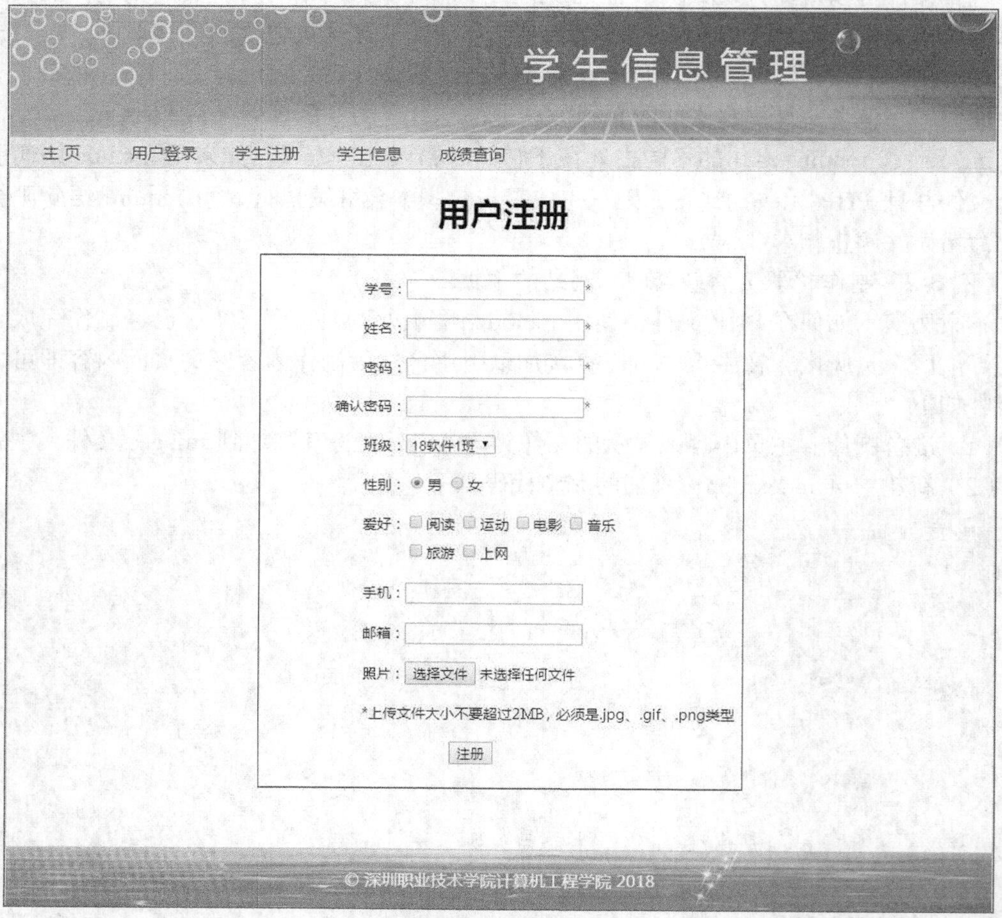

图 6-3　用户注册页面

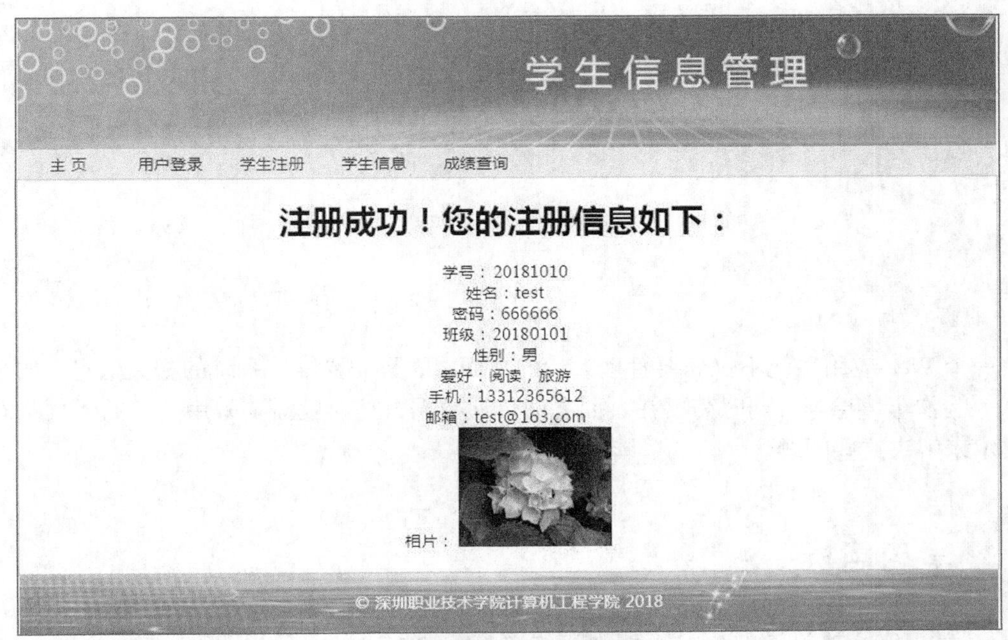

图 6-4 注册信息处理页面

可以看到，使用包含页面后，上述页面具有了相同的头部与导航区、页脚区，实现了风格上的统一。

6.2.2 include_once 和 require_once

include_once 语句在脚本执行期间包含并运行指定文件，其行为方式和 include 语句类似。它们的区别在于，对于网页中已经被包含过的文件，include_once 不会再次包含该文件。因此，在脚本执行期间，同一个文件有可能出现被包含超过一次的情况，当需要确保该文件只被包含一次以避免函数重定义、变量重新赋值等问题时，常常使用 include_once 语句。

require_once 语句和 require 语句类似，它们的唯一区别就是 require_once 语句会检查文件是否已经被包含过，如果是，则不会再次包含。

6.3 小结

本章重点介绍了网页布局的相关技术及 include 语句和 require 语句的使用。网页包含语句除了用于创建共同的头部、导航等网页内容外，也常常用于包含函数和代码等，在 PHP 的 Web 应用开发中经常用到。

第 7 章 状态维护

一个 Web 应用系统不仅需要管理大量的页面，而且需要维护系统的相关信息，如登录信息、购物车信息等，同时需要在页面之间传递数据，这时就需要采用一定的网页状态维护技术来解决这些问题。

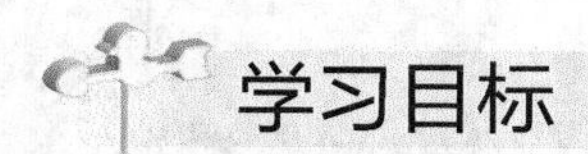

学习目标

- 掌握利用查询字符串在页面之间传递参数的方法
- 掌握利用 Cookie 和 Session 维护系统状态的方法

7.1 状态维护概述

由于 HTTP（Hyper Text Transfer Protocol，超文本传输协议）是无状态的，浏览器或客户端设备每次向服务器请求并获得网页的一个往返行程后，网页信息都将丢失，在页面每次访问请求的过程中都无法获知上次请求的页面中的信息，因此需要采用一定的网页状态维护技术来解决这一固有局限问题。状态维护就是指在一个网页或不同网页的多个访问请求中传递与保持网页状态和信息的过程。

PHP 实现页面状态维护的常用方法包括 form 表单、查询字符串、Cookie 和 Session，不同的状态管理方法有各自的优点和缺点，在选用时需要依据 Web 应用的具体方案要求来决定。

form 表单可以将一个页面上的信息提交并传送给其 action 属性所设置的页面，具体的实现方式已经在第 5 章中进行了详细介绍。本章将讲解查询字符串、Cookie 和 Session 的使用。

7.2 查询字符串

7.2.1 在网页间传递参数

使用查询字符串（Query String）可以很方便地将信息从一个网页传送到另一个网页，它通过在跳转页面的 URL 地址的后面附加数据来传送信息。具体的书写格式如下：

```
URL?属性 1=值 1&属性 2=值 2&…
```

查询字符串紧接在 URL 地址之后，以问号（?）开始，包含一个或多个属性/值对。如果有多个属性/值对，它们中间用&符号连接。

下面是一个典型的查询字符串示例：

```
http://localhost/StudentMIS/Index.php?account=张三&news=1
```

在上面的 URL 路径中，问号（?）后的内容就是查询字符串。它包含两个属性/值对：一个名为“account”，值为“张三”；另一个名为“news”，值为“1”。

在请求 URL 的页面上，可以使用 PHP 的预定义变量$_GET 来读取查询字符串传递的信息，读取格式如下：

```
$_GET["属性"]
```

例如，对于前面所述的查询字符串示例，我们在 Index.php 页面中使用$_GET ["account"]和$_GET["news"]就可以分别读取 account 属性和 news 属性传递过来的值，得到数据“张三”和“1”。

7.2.2　页面跳转

查询字符串通过页面跳转来传递参数。实现页面跳转主要有以下几种方式：使用 HTML 标签<a>、使用 JavaScript 代码和使用 PHP 函数。

1．使用 HTML 标签<a>

通过使用<a>标签在网页中创建链接可实现页面跳转。其 HTML 代码为：

```
<a href="URL 地址?查询字符串">…</a>。
```

其中，href 属性指定链接的目标地址，开始标签和结束标签之间的文字或图片被显示为网页中的链接。当用户单击该链接时，页面将跳转并传递参数。

2．使用 JavaScript 代码

浏览器的 Location 对象不仅可以表示浏览器窗口中当前显示网页的 URL 地址，还能够控制浏览器显示的网页文件的跳转。如果把一个含有 URL 的字符串赋给 Location 对象或它的 href 属性，浏览器就会把新的 URL 所指的网页文档装载进来并加以显示。在网页文件中可以使用 JavaScript 代码来进行设置。如下面的代码：

```
<script>
    window.location="URL 地址?查询字符串";
</script>
```

该代码将控制页面跳转到指定的 URL 地址并传递查询字符串的参数。

3．使用 PHP 提供的 header()函数

header()函数用于发送原生的 HTTP 头，实现网页重定向。如下面的代码：

```
<?php
header('Location: URL 地址?查询字符串');
?>
```

需要注意的是，header()函数必须在网页的任何实际输出之前被调用，否则将导致错误。

【例 7-1】制作登录页面，实现模拟登录功能，登录成功后返回到登录前的页面。如果从学生信息页面跳转到登录页面，则登录成功后回到学生信息页面；如果从成绩查询页面跳转到登录页面，则登录成功后返回到成绩查询页面；而如果用户是直接进入登录页面的，则返回主页面。

本案例演示使用查询字符串在页面之间传递信息，当网页从学生信息页面或成绩查询页面跳转到登录页面时，使用 URL 参数传递页面名称，登录页面读取该信息并在登录成功后返回该页面。

本案例设定的登录规则是学号不为空，密码是“123456”。本案例的具体步骤如下。

（1）新建学生信息页面 Students.php，在页面中制作“请先登录”链接，页面代码如下：

```
<!DOCTYPE html>
<html>
<head>
<meta charset="utf-8">
<title>学生信息</title>
</head>
<body>
<?php
include 'HeaderNav.html';  //包含头部与导航区
?>
<h1>学生信息</h1>
<a href="Login.php?frompage=Students">请先登录</a>
<?php
include 'Footer.html';   //包含页脚区
?>
</body>
</html>
```

上述代码中，链接的 URL 地址为“Login.php?frompage=Students”，表示用户单击该链接，将跳转到 Login.php 页面，同时传递一个名为“frompage”的参数，值为学生信息页面的文件名称“Students”。

（2）运行学生信息页面，效果如图 7-1 所示。单击“请先登录”链接，页面将跳转并传递参数，在浏览器的地址栏中可以看到传递的参数值，如图 7-2 所示。

图 7-1　学生信息页面的运行效果

localhost/StudentMIS/Login.php?frompage=Students

图 7-2　浏览器地址栏显示的传递的参数值

（3）新建成绩查询页面 Results.php，在页面中制作“请先登录”链接，页面代码如下：

```
<!DOCTYPE html>
<html>
<head>
<meta charset="utf-8">
<title>成绩查询</title>
</head>
<body>
<?php
include 'HeaderNav.html';  //包含头部与导航区
?>
<h1>成绩查询</h1>
<a href="Login.php?frompage=Results">请先登录</a>
<?php
include 'Footer.html';   //包含页脚区
?>
</body>
</html>
```

上述代码中，链接的 URL 地址为“Login.php?frompage=Results”，仍然是跳转到 Login.php 页面，但传递的“frompage”参数的值为成绩查询页面的文件名称“Results”。其运行效果与学生信息页面相似，只是传递了不同的参数值。

（4）新建登录页面 Login.php，完成页面布局。使用 form 表单元素制作登录界面，添加“学号”文本框、“密码”框和“登录”按钮，并对“学号”文本框和“密码”框进行必填验证。页面代码如下：

```
<!DOCTYPE html>
<html>
<head>
<meta charset="UTF-8">
<title>用户登录</title>
<style type="text/css">
#login{
   width:300px;
   border:1px solid blue;
   line-height:40px;
   margin:0 auto;
   padding-left:50px;
   padding-top:15px;
   padding-bottom:15px;
   text-align:left;
   font-size:14px;
```

```
}
.error{
    color:red;
}
</style>
</head>
<body>
<?php
include 'HeaderNav.html';  //包含头部与导航区
?>

<h1>用户登录</h1>
<form action="" method="post" enctype="multipart/form-data">
<div id="login">
    <div>
        学号：<input type="text" name="stuNo"/><span class="error">*</span>
    </div>
    <div>
        密码：<input type="password" name="pwd"/><span class="error">*</span>
    </div>
    <div style="margin-left:85px;">
        <input type="submit" name="btnSubmit" value="登录"/>
    </div>
</div>
</form>

<script type="text/javascript">
var elform = document.getElementsByTagName("form")[0]; //获取表单
elform.onsubmit=function(){
    //表单提交，调用 checkData()函数验证数据。如果验证出错，中止表单提交
    return checkData();
}
//验证各项用户输入的数据
function checkData(){
    var valid=true;  //验证是否通过的标识
    //学号必填
    var elStuNo=document.getElementsByName("stuNo")[0];  //获取学号文本框
    if(elStuNo.value==""){
        //学号文本框右侧的文字标签显示提示信息
        elStuNo.nextSibling.innerHTML="*学号必填！";
        valid=false;  //验证错误
```

```
    }
    else{
        elStuNo.nextSibling.innerHTML="*";  //清除错误提示信息
    }

    //密码必填
    var elPwd=document.getElementsByName("pwd")[0];  //获取密码文本框
    if(elPwd.value==""){
        elPwd.nextSibling.innerHTML="*密码必填！";
        valid=false;
    }
    else{
        elPwd.nextSibling.innerHTML="*";
    }

    return valid;  //返回验证结果
}
</script>

<?php
include 'Footer.html';   //包含页脚区
?>
</body>
</html>
```

（5）编写代码，指定表单提交处理页面的URL地址。设置登录form表单的action属性值，首先设置为页面本身，如果其他页面传递过来了“frompage”参数值，则继续使用查询字符串的方式向表单处理页面传递“frompage”参数。

添加页面代码如下：

```
…
<body>
<?php
include 'HeaderNav.html';  //包含头部与导航区

//$actionUrl变量为登录form表单的action的URL地址，设置为登录页面自身
$actionUrl=$_SERVER['PHP_SELF'];
//如果页面接收到了URL的frompage参数传值，form表单的action的URL地址继续传递该参数
if(isset($_GET["frompage"])){
    $actionUrl=$actionUrl.'?frompage='.$_GET["frompage"];
}
?>
```

```
<h1>用户登录</h1>
<form action="<?=$actionUrl?>" method="post" enctype="multipart/form-data">
    …
</form>
…
```

上面的代码中使用了一个特殊的变量$_SERVER['PHP_SELF']，$_SERVER 是 PHP 提供的预定义变量，它是一个由 Web 服务器创建的数组，包含头信息、路径及脚本位置等。$_SERVER['PHP_SELF']可返回当前执行的 PHP 脚本文件的名称，在本案例中也就是当前的登录页面 Login.php。

将表单的 action 属性的 URL 地址设置为$_SERVER['PHP_SELF']，表示登录表单数据将提交给自身页面进行处理，这类表单页面也称作自处理页面。同时，如果登录页面接收到来自其他页面通过 URL 查询字符串传递过来的“frompage”参数，就继续将该参数附加在 action 的 URL 地址后进行传递。

（6）编写代码，实现模拟登录功能。用户登录成功后返回到登录前的页面或主页，登录失败则弹出提示信息。在此设定的登录账号的学号不为空，密码为“123456”。

在页面的起始位置添加如下代码：

```
<?php
//用户单击“登录”按钮后返回到登录页面，判断登录是否成功
if(isset($_POST["btnSubmit"])){
    //登录成功
    if (!empty($_POST["stuNo"])&&$_POST["pwd"]=="123456"){
        //默认返回页面为主页
        $backUrl="Index.php";
        //若页面接收到了 frompage 参数传值，登录成功后跳转到 frompage 参数传递的网页文件地址
        if(isset($_GET["frompage"])){
            $backUrl=$_GET["frompage"].'.php';
        }
        //页面跳转
        echo "<script>window.location='{$backUrl}'</script>";
    }
    //登录失败，弹出提示框
    else{
        echo "<script>window.alert('用户名或密码错误！')</script>";
    }
}
?>

<!DOCTYPE html>
<html>
```

```
<head>
...
```

在登录成功的代码中，使用 JavaScript 代码 window.location 来控制页面跳转。

（7）运行页面，进行测试。运行登录页面，输入学号和密码“123456”，单击“登录”按钮，页面将跳转到主页。

（8）运行学生信息页面，单击“请先登录”链接，进入登录页面，输入学号和密码“123456”后单击“登录”按钮，页面将跳转到学生信息页面。

（9）运行成绩查询页面，单击“请先登录”链接，进入登录页面，输入学号和密码“123456”后单击“登录”按钮，页面将跳转到成绩查询页面。

本案例中，从不同的页面进入登录页面时通过 URL 参数传递了文件名称，登录页面获取该值，并将其作为登录成功后返回页面的 URL 地址，从而实现了从哪个页面来就返回到哪个页面的效果。

7.3 Cookie

7.3.1 Cookie 的原理

Cookie 是一种基于客户端的状态管理方式，是一种在远程浏览器端存储数据并以此来跟踪和识别用户的机制。Cookie 将少量的数据存储在客户端文件系统的文本文件中，或存储在客户端浏览器会话的内存中。当同一台计算机的浏览器请求页面时，浏览器会将 Cookie 中的信息连同请求信息一起发送，服务器可以读取 Cookie 并提取它的值。

PHP 完全支持 Cookie 机制。Cookie 常用于保存用户的特定信息，在页面之间传递数据等。由于 Cookie 的值存储于用户的客户端计算机中，并且数据信息是以明文文本的形式保存的，安全性较低，所以不要用它来保存敏感信息。

7.3.2 使用 Cookie

PHP 使用 setcookie()函数来创建 Cookie，具体的书写格式如下：

```
setcookie(name, value, expire);
```

其中各参数的含义如下。

- name：用户定义的 Cookie 名称。
- value：Cookie 的值。
- expire：Cookie 的过期时间。它是一个 UNIX 时间戳，即格林尼治时间 1970 年 1 月 1 日 00:00:00 以来的时间秒数。该过期时间常常使用 time()函数加上过期的秒数来进行设定。例如，time()+60*60*24*7 就是设置 Cookie 7 天后过期。如果没有设置该参数或设置为零，则 Cookie 将在用户关闭浏览器时过期并被清空。

下面的代码创建了一个名为“username”的 Cookie，赋值为“Sam”，并且在一天后过期。

```
<?php
setcookie("username", "Sam", time()+60*60*24);
?>
```

注意

使用 setcookie()函数定义的 Cookie，它将和 HTTP 头一起发送给客户端，必须在脚本产生任何输出之前发送 Cookie。因此，setcookie()函数的调用必须位于任何输出之前包括<html>、<head>或空格。

创建了 Cookie 之后，下次打开页面时就可以使用$_COOKIE 变量来读取 Cookie 的值了。

下面的代码读取了名为“username”的 Cookie 的值，并将其显示在页面上。

```
<?php
echo $_COOKIE["username"];
?>
```

在读取 Cookie 之前，通常使用 isset()函数来确认是否已经创建了该 Cookie，如下面的代码。

```
<?php
if (isset($_COOKIE["username"]))
 echo "你好，" . $_COOKIE["username"];
?>
```

如果需要删除 Cookie，设置它的过期日期为过去的时间点即可，浏览器会自动检查并删除已过期的 Cookie。

例如，将 Cookie 的过期时间设置为当前时间之前的 1 小时，也就是说删除前面所创建的 Cookie，代码如下：

```
<?php
setcookie("username", "", time()-3600);
?>
```

【例 7-2】完善登录页面。若用户成功登录过系统，再次在本机进入登录页面时，页面会自动填入用户名信息。

本案例演示 PHP 如何写入和读取 Cookie 变量。登录成功时，在页面跳转之前，使用 Cookie 在客户端保存用户输入的用户名，有效期为 30 天。30 天内用户再次登录系统时，登录页面首先判断是否存在用户名的 Cookie 信息，如果存在，则读取 Cookie 值并显示在用户名文本框中。具体步骤如下。

（1）打开登录页面 Login.php，在登录成功的代码段中添加使用 Cookie 保存登录学号的代码。

```
<?php
//用户单击“登录”按钮后返回页面，判断登录是否成功
if(isset($_POST["btnSubmit"])){
    //登录成功
    if (!empty($_POST["stuNo"])&&$_POST["pwd"]=="123456"){
        //使用 Cookie 保存登录的学号信息，保存时间为 30 天
        setcookie("stuNo",$_POST["stuNo"], time()+60*60*24*30);
        …
    }
```

```
    //登录失败，弹出提示框
    …
}
?>
```

（2）在登录页面继续编辑代码。如果读取到 Cookie 保存的学号信息，则显示在“学号”文本框中。在“学号”文本框的代码中添加如下代码。

```
…
<div>
        学号：<input type="text" name="stuNo"
        <?php
        //如果读取到 Cookie 保存的学号信息，则显示在文本框中
        if (isset($_COOKIE["stuNo"]))
            echo " value='".$_COOKIE["stuNo"]."'";
        ?>
        /><span class="error">*</span>
    </div>
…
```

（3）运行登录页面。输入学号为“20180001”、密码为“123456”，单击“登录”按钮，页面将跳转到主页。再次访问登录页面，可以看到“学号”文本框中已经自动填入了上次成功登录时输入的学号“20180001”，如图 7-3 所示。

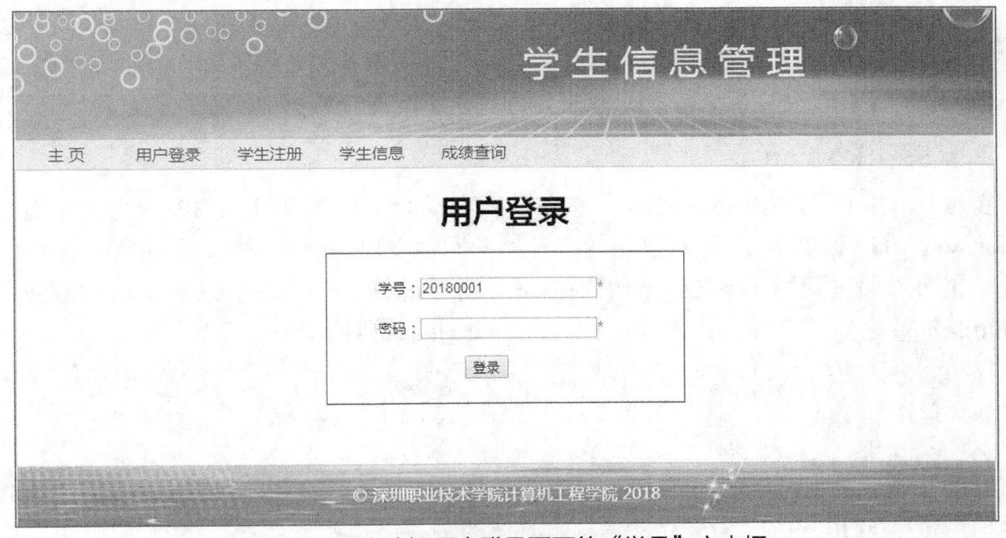

图 7-3　再次访问用户登录页面的“学号”文本框

7.3.3　Cookie 的生命周期

如果在创建 Cookie 时不设定它的过期时间，就表示它的过期时间为浏览器会话结束时。只要关闭浏览器，Cookie 就会被自动清空。这种 Cookie 被称作会话 Cookie，它不保存在硬盘上，而是保存在内存中。

如果设置了 Cookie 的过期时间，那么浏览器会把 Cookie 保存到硬盘中，再次打开浏览器时会依然有效，直到它过期。

虽然 Cookie 可以长期保存在客户端浏览器中，但也会受到其他因素的影响。浏览器对允许存储的 Cookie 文件的数量有一定的限制，并且对每个 Cookie 文件能够支持的最大容量也有限制。一般来说，每个域名最多支持 20 个 Cookie，如果超出这一数量，浏览器会自动地随机删除 Cookie。

7.4 Session

7.4.1 会话机制

会话是指一个终端用户与交互系统进行通信的时间间隔。用户浏览器访问某个网站时，从开始发出请求到结束本次访问所经过的时间，称为一次会话。会话状态（Session）是指在该会话持续期间所保留的变量的值。Session 对象存储了特定用户的会话属性及配置信息，由服务器进行管理。不同的用户都会有各自不同的会话状态，当用户在 Web 应用程序的网页之间跳转时，存储在 Session 对象中的变量不会丢失，而是在整个用户会话中一直存在下去。

当启动一个 Session 时，服务器会针对该用户生成一个随机且唯一的 session_id，即会话 id。通过 Session 可以记录用户的相关信息，并以此来识别用户身份及使用他的有关数据。Session 变量保存的信息可供应用程序中的所有页面使用，所以它通常被用于在多个页面请求之间保存及共享信息。

Session 是一种基于服务器端的状态维护方式，实现简单，易于使用，安全性高。但是，如果用 Session 存储大量信息的话，则可能会因为占用大量服务器资源而降低服务器性能，所以 Session 对象适用于存储特定于单独会话的、短期的、敏感的少量数据。

7.4.2 使用 Session

在 PHP 中使用 Session 之前，首先必须启动会话。如果将 PHP 服务器的配置项 session.auto_start 设置为 1，那么当访问者开始向网站发出请求的时候，会话就会自动开始。此外，也可以通过调用 session_start()函数来手动开始一个会话。session_start()函数必须位于<html>标签之前。下面的代码使用 session_start()函数启动了一个会话。

```
<?php session_start(); ?>
<html>
<body>
```

启动会话后，就可以使用 PHP 的$_SESSION 变量来存储和取回数据了。$_SESSION 变量采用键/值对形式的结构来存储信息。具体的书写格式如下：

写入 Session 数据：

```
$_SESSION["名称"]=值;
```

读取 Session 数据：

```
$_SESSION["名称"]
```

在读取 Session 数据时，需要先使用 isset()函数来检测该$_SESSION 变量是否已经存在。

尝试读取一个不存在的$_SESSION变量将导致错误。

下面的代码创建了一个简单的计数器。首先启动会话，然后使用 isset()函数来检测是否已经设置了一个名为“count”的$_SESSION变量。如果已经设置了该变量，则累加计数器中的值。如果该变量不存在，则创建并设置其值为0。

```
<?php
session_start();    //启动会话
if(!isset($_SESSION['count'])){  //如果没有设置 Session 变量“count”
   $_SESSION['count']= 0;  //创建 Session 变量“count”并设置值为 0
}
 else{
   $_SESSION['count']++;  //变量值累加
}
?>
```

【例7-3】用户登录主页后，在主页上显示用户名。

本案例演示 Session 数据的写入和读取。用户登录成功时，使用$_SESSION变量保存学号信息。主页运行时先判断是否存在学号的 Session 信息，若有，则读取并显示。具体步骤如下。

（1）在登录页面保存学号的 Session 信息。打开登录页面文件 Login.php，在登录成功的代码段中添加使用 Session 保存登录学号的代码。

```
<?php
//用户单击“登录”按钮后返回页面，判断登录是否成功
if(isset($_POST["btnSubmit"])){
   //登录成功
   if (!empty($_POST["stuNo"])&&$_POST["pwd"]=="123456"){
      //使用 Session 保存登录的学号信息
       session_start();   //启动会话
       $_SESSION['stuNo']=$_POST["stuNo"];
       …
   }
   //登录失败，弹出提示框
   …
}
?>
```

（2）主页显示学号信息。打开主页文件 Index.php，在页面的起始位置添加代码来启动会话，在显示欢迎语的位置编辑以下代码。

```
<?php
session_start();  //启动会话
?>
<!DOCTYPE html>
<html>
```

```
…
<p>
<?php
//如果已经设置了 Session 变量“stuNo”，读取并显示
if(isset($_SESSION['stuNo'])){
    echo $_SESSION['stuNo']."，欢迎访问学生信息管理系统！";
}
else{
    echo "欢迎访问学生信息管理系统！";
}
?>
</p>
…
</html>
```

（3）运行网页。如果不登录而直接访问主页，主页不会显示学号信息，而登录后进入主页，主页欢迎语的前面将会显示学号，如图 7-4 所示。

图 7-4　主页欢迎语的前面显示学号信息

从本例可以看到，使用 Session 存储的信息可以在网站中跨页面使用。

【例 7-4】对学生信息页面和成绩查询页面进行访问控制，用户必须登录后才能访问这两个页面，如果未登录而直接请求，则跳转到登录页面。

本案例演示如何使用 Session 保存的用户信息来识别用户，控制页面的访问权限。在例

7-3 中，用户登录成功时使用$_SESSION['stuNo']变量存储了登录用户的学号，这里将依据该信息来判断用户是否登录。具体步骤如下。

（1）打开学生信息页面文件 Students.php，删除前面制作的“请先登录”链接，改为使用代码进行判断并控制页面跳转。如果用户尚未登录，则页面自动跳转到登录页面。在页面的起始位置添加如下代码。

```
<?php
session_start(); //启动会话
//如果未登录，没有设置 Session 变量“stuNo”，则跳转到登录页面
if(!isset($_SESSION['stuNo'])){
    header('Location:Login.php?frompage=Students');
}
?>
<!DOCTYPE html>
<html>
…
</html>
```

（2）运行网页。如果不登录而直接访问学生信息页面，则用户将进入登录页面。登录后可以访问学生信息页面。

（3）打开成绩查询页面文件 Results.php，参照步骤（1）添加以下代码，实现页面访问控制。

```
<?php
session_start(); //启动会话
//如果未登录，没有设置 Session 变量“stuNo”，则跳转到登录页面
if(!isset($_SESSION['stuNo'])){
    header('Location:Login.php?frompage=Results');
}
?>
<!DOCTYPE html>
<html>
…
</html>
```

7.4.3 Session 的失效

PHP 中的 Session 默认过期时间是 1440s，也就是 24min。如果超过这个时间页面没有被访问刷新或用户关闭了浏览器，Session 就会失效。这个有效时间值可以在 php.ini 文件中进行修改，重新设置 session.gc_maxlifetime 属性的秒数，可以指定过多少秒之后 Session 数据将被视为“垃圾”并被清除。

如果需要删除某些 Session 数据，可以使用 PHP 的 unset()函数或 session_destroy()函数。unset()函数用于释放指定的 Session 变量，语法格式如下：

```
unset($_SESSION["名称"]);
```

下面的代码删除了名为“count”的 Session 变量。

```
<?php
unset($_SESSION['count']);
?>
```

注意

使用 unset()函数时，一定不能省略$_SESSION 中的变量名称。使用 unset($_SESSION) 将注销整个全局变量$_SESSION，并且不能恢复，这样将导致无法继续在$_SESSION 中写入任何会话变量，整个会话的功能被禁止。

session_destroy()函数用于彻底删除 Session 数据，它删除所有 Session 中已存储的数据，并清空会话中的所有资源。其书写格式如下：

```
<?php
session_destroy();
?>
```

【例 7-5】添加用户注销功能。

本案例演示 PHP 如何删除和销毁 Session 变量。用户注销的设计思路是，对于登录后的用户，主页的欢迎语后面将出现一个“注销”链接，用户单击该链接将清空其用户信息，实现注销功能。具体步骤如下。

（1）打开主页文件 Index.php，添加登录用户的“注销”链接。在主页文件代码的显示欢迎语的位置编辑以下代码。

```
…
<p>
<?php
//如果已经设置了 Session 变量“stuNo”，读取后显示，并在欢迎语后面添加“注销”链接
if(isset($_SESSION['stuNo'])){
    echo $_SESSION['stuNo'].",欢迎访问学生信息管理系统！<a href='Logout.php'>注销
</a>";
}
else{
    echo "欢迎访问学生信息管理系统！";
}
?>
</p>
…
```

（2）新建注销页面，命名为 Logout.php，编辑以下代码。

```
<?php
session_start();
unset($_SESSION['stuNo']);  //释放 stuNo Session 变量
session_destroy();  //销毁会话中的全部数据
header("location:Index.php");    //回到主页
?>
```

（3）运行主页。用户登录后，主页欢迎语的后面将会显示“注销”链接，如图 7-5 所示。单击该链接，将进入注销页面实现用户信息注销并返回到主页。用户信息注销后显示的主页如图 7-6 所示。可以看到，页面上已经不再显示学号信息和“注销”链接。

图 7-5 登录后用户显示的主页

图 7-6 用户信息注销后显示的主页

7.5 小结

本章重点介绍了 PHP 的几种状态维护技术，包括查询字符串、Cookie 和 Session，通过它们实现了网页之间信息的传递和共享。查询字符串可在页面跳转时从一个页面传递少量信息到下一个页面，Cookie 则可在用户的客户端存储信息。查询字符串和 Cookie 主要基于客户端实现，安全性较低。Session 可在服务器端保存针对各个用户的某次访问期间的信息，安全性较高。这几种状态管理方式各有特点，适用于不同的情况，在实际开发中需要根据项目需要合理选用。

第 8 章 MySQL 数据库

一个 Web 应用往往需要处理大量的信息数据以实现其业务流程，通常采用专门的数据库管理系统来存储和管理数据。数据库（Database）可以理解为按照数据结构来组织、存储和管理数据的仓库。MySQL、Oracle、SQL Server、Sybase、DB2 等都是当前使用得比较广泛的数据库管理系统。对于 PHP 技术开发的 Web 应用来说，MySQL 是与之配合得最好的数据库管理系统软件，它对 PHP 有着很好的支持。

学习目标

- 掌握 MySQL 数据库的基本概念
- 掌握使用 phpMyAdmin 操作 MySQL 数据库的方法
- 熟练掌握利用常用数据库操作语句进行数据库表的增、删、改、查等操作

8.1 MySQL 简介

8.1.1 MySQL 的特点

MySQL 是一个关系型数据库管理系统，属于 Oracle 公司。MySQL 是目前最为流行的开源数据库，它可以良好地运行于 20 多种硬件平台，以及 Linux、UNIX、Mac 和 Windows 等操作系统。它可以支持高性能、可伸缩的数据库应用开发，具有开发效率高、成本低的特点。全球多个大型企业（包括 Facebook、Google、Adobe 等公司）的网站、业务系统都在使用 MySQL 数据库。此外，由于其具有体积小、速度快、成本低、开放源码等特点，许多中小型网站的开发都选择 MySQL 作为网站数据库。

MySQL 可应用于多种语言，包括 Perl、C、C++、Java 和 PHP 等。在这些语言中，MySQL 在 PHP 的 Web 开发中应用得最为广泛。

MySQL 使用标准的 SQL 数据语言形式，支持多线程。它为 PHP、C、C++、Python、Java、Perl、C#等多种编程语言提供了 API（Application Programming Interface，应用程序接口）。MySQL 既能够作为一个单独的应用程序应用在客户端服务器网络环境中，也能够作为一个库嵌入到其他软件中。

MySQL 软件采用了双授权政策，分为社区版和商业版。MySQL 社区版（MySQL Community Edition）可以在其官方网站上下载并免费使用。社区版的性能优良，搭配 PHP 和 Apache 可以组建为良好的服务器开发环境。本书即使用 WAMP（Windows+Apache+

MySQL+PHP）为开发环境。另外，标准版、企业版和集群级版本属于商业付费产品，它们可以提供一些高级服务，以满足企业用户的特殊需要。

8.1.2 数据库存储引擎

存储引擎是 MySQL 数据库的核心。数据库管理系统使用存储引擎来创建、更新、删除和查询数据。不同的存储引擎提供不同的存储机制、索引技巧、锁定技术及功能。MySQL 支持多种类型的存储引擎，如 InnoDB、MyISAM、MEMORY、Archive 等。MySQL 5.5.5 之前的默认存储引擎是MyISAM，MySQL 5.5.5之后的版本使用InnoDB作为默认存储引擎。下面主要对这两种存储引擎进行介绍。

1. MyISAM

MyISAM 基于 ISAM 存储引擎并加以扩展，它具有较高的插入和查询速度，并且支持全文检索，但是它不支持事务处理和外键。

MyISAM 存储引擎强调性能，执行速度比 InnoDB 快。MyISAM 的索引文件和数据文件分开存放，同时索引经过压缩，从而具有较高的内存使用率。

使用 MyISAM 存储引擎创建的数据库将存储为 3 个文件。这些文件的名字与数据库名相同，但是扩展名不同，.frm 文件存储表定义，.myd 为数据文件，.myi 为索引文件。

2. InnoDB

InnoDB 是事务型数据库的首选引擎，它为 MySQL 提供了具有提交、回滚和崩溃恢复能力的事务安全机制。InnoDB 支持行锁定，在 SQL 查询中可以自由地将 InnoDB 类型的表和其他类型的 MySQL 表混合起来，提高了多用户部署的能力。InnoDB 支持外键完整性约束，存储表中的数据时，都将按主键顺序存放。如果没有明确地在表定义时指定主键，InnoDB 会为每一行生成一个 6 字节的标识 ROWID，并以此作为主键。

对比 MyISAM 存储引擎，InnoDB 的处理效率低一些，并且会占用更多的磁盘空间，不能支持全文检索。

不同的存储引擎有不同的特点，能够适应不同的需求。如果对事务的完整性要求比较高，或要求实现并发控制，那么 InnoDB 是一个很好的选择。如果需要频繁更新、删除数据库中的数据，也可以选择 InnoDB。如果表主要用于插入新记录和查询记录，那么选择 MyISAM 则更为高效。在 MySQL 中不需要对整个数据库使用同一种存储引擎，可以根据具体要求对每一个表使用一种存储引擎，以满足实际需求。

若要修改 MySQL 的默认引擎，可以通过修改配置文件中的 default-storage-engine 参数实现。在创建或修改数据库时，通过 engine 关键字可以指定数据库所使用的引擎；在创建表时，设置 engine 或 type 属性可以指定表的引擎。

8.2 MySQL 的安装与启动

在 MySQL 的官方网站可以免费下载 MySQL 社区版安装程序，运行安装程序并依照其向导步骤可以非常方便地完成安装。本书中没有独立地安装 MySQL 数据库，而是通过 WampServer 集成安装环境一并安装了 Apache 服务器、MySQL 数据库和 PHP 语言预处理器。

启动 WampServer，在任务栏中将出现 WampServer 图标，单击 WampServer 图标，选择“MySQL”→“Service administration 'wampmysqld64'”→“Start/Resume Service”命令，即可启动 MySQL 数据库服务，如图 8-1 所示。选择“Start/Resume Service”命令下面的“Stop Service”或者“Restart Service”命令，将分别停止和重启 MySQL 服务。

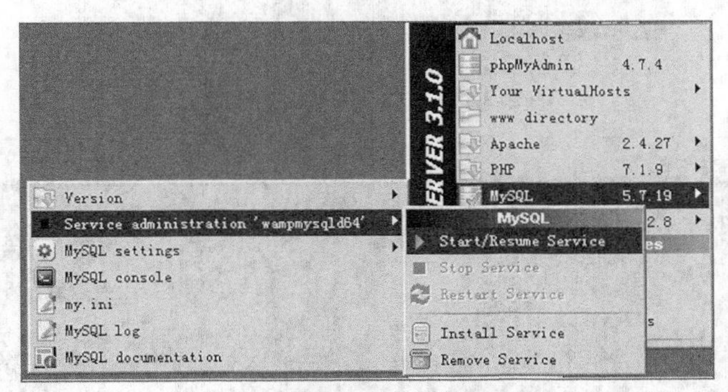

图 8-1 启动 MySQL 数据库服务

8.3 访问 MySQL 数据库

必须在 MySQL 服务处于启动状态时才能够连接并访问数据库。可以通过 3 种方式访问 MySQL 数据库：一是使用命令行工具，二是使用图形管理工具，三是通过编程语言。

8.3.1 MySQL 命令行工具

MySQL 命令行工具用于在连接服务端后进行数据库操作。如图 8-2 所示，单击任务栏中的 WampServer 图标，选择“MySQL”→“MySQL console”命令，启动 MySQL 命令行工具。

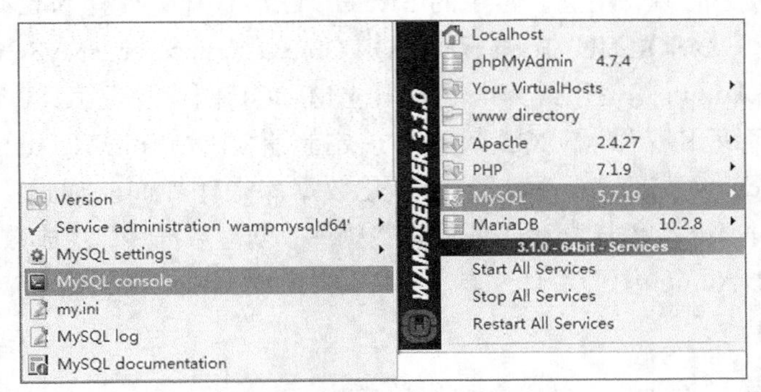

图 8-2 启动 MySQL 命令行工具

打开图 8-3 所示的 MySQL 命令行登录窗口，提示用户输入数据库密码。此时使用 MySQL 的 root 账户进行登录，输入安装 MySQL 数据库时所设置的密码，默认为空，然后按 Enter 键。

窗口中出现图 8-4 所示的说明信息，命令提示符显示为“mysql>”，表示已经成功地登录并连接到 MySQL 服务器，可以在“mysql>”命令提示符后输入相关命令来对数据库进行操作。

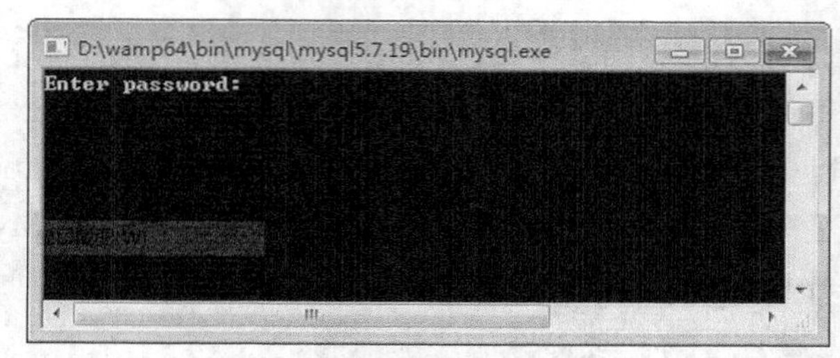

图 8-3　MySQL 命令行登录窗口

```
D:\wamp64\bin\mysql\mysql5.7.19\bin\mysql.exe
Copyright (c) 2000, 2017, Oracle and/or its affiliates. All rights reserved.

Oracle is a registered trademark of Oracle Corporation and/or its
affiliates. Other names may be trademarks of their respective
owners.

Type 'help;' or '\h' for help. Type '\c' to clear the current input statement.

mysql>
```

图 8-4　成功登录并连接到 MySQL 服务器

8.3.2　图形管理工具

使用命令行工具，必须熟记许多 MySQL 操作命令。除了命令行工具之外，MySQL 还有许多图形管理工具。使用图形管理工具可以为数据库的管理和操作提供直观的可视化界面，让操作变得极为简单、便利。常用的 MySQL 图形管理工具有 phpMyAdmin、MySQL Dumper、Navicat、MySQL GUI Tools、MySQL ODBC Connector、MySQL Workbench 等。

其中，phpMyAdmin 是使用最为广泛的一种 MySQL 图形管理工具。它使用 PHP 编写，基于 Web 方式来管理和操作 MySQL 数据库，支持简体中文。phpMyAdmin 为 Web 开发人员提供了类似 Access、SQL Server 的图形化数据库操作界面。通过该管理工具可以对 MySQL 进行各种操作，如创建、修改、删除数据库，创建数据表，生成数据库脚本文件等。本书即采用 phpMyAdmin 图形管理工具，8.4 节将详细介绍如何使用 phpMyAdmin 实现对数据库的基本操作。

8.3.3　编程语言

Web 应用系统的开发往往需要通过应用程序去访问和操作后台数据库。MySQL 数据库为多种编程语言提供了 API，包括 C、C++、Python、Java、Perl、PHP、C#等。上述不同的编程语言都有各自专门的模式来编写代码以连接 MySQL 数据库。例如，Java 通过 JDBC 访问 MySQL；C++既可以通过 Connector C++又可以通过 ODBC 或 MySQL C API 连接 MySQL 数据库。本书中，我们学习使用 PHP 语言访问及操作 MySQL 数据库，将在第 9 章进行详细介绍。

8.4 使用 phpMyAdmin 操作数据库

phpMyAdmin 可以在其官网下载后安装。此外，一般的集成环境安装包都包含了 phpMyAdmin，无须单独下载。本书安装的 WampServer 集成安装环境包含了数据库管理工具 phpMyAdmin，让开发人员可以用 Web 界面方便地管理和操作 MySQL 数据库。

8.4.1 登录 MySQL

下面介绍如何用 phpMyAdmin 工具登录并连接到 MySQL 数据库。

【例 8-1】使用 phpMyAdmin 登录并访问 MySQL 数据库。

本案例主要演示使用 phpMyAdmin 管理工具登录 MySQL 数据库的过程，并对 phpMyAdmin 主界面进行介绍。用户名为 root，密码为安装 MySQL 数据库时所设置的密码，该值默认为空。具体步骤如下。

（1）单击任务栏中的 WampServer 图标，在弹出的管理界面中选择“phpMyAdmin”命令来启动 phpMyAdmin，如图 8-5 所示。

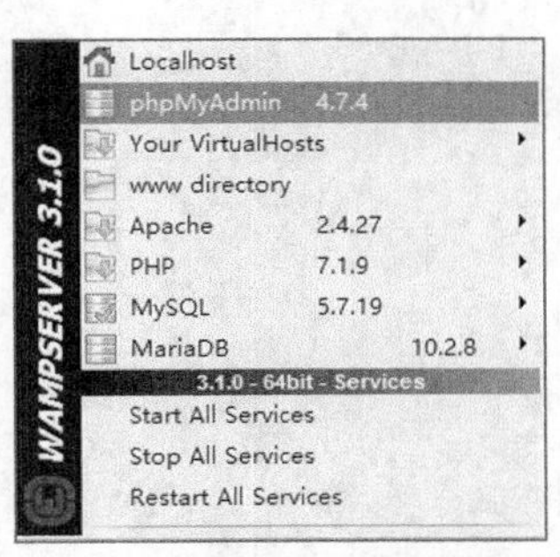

图 8-5　启动 phpMyAdmin

（2）出现图 8-6 所示的登录窗口，在“语言”下拉列表中选择“中文_Chinese simplified”选项，输入用户名为“root”，密码为空。

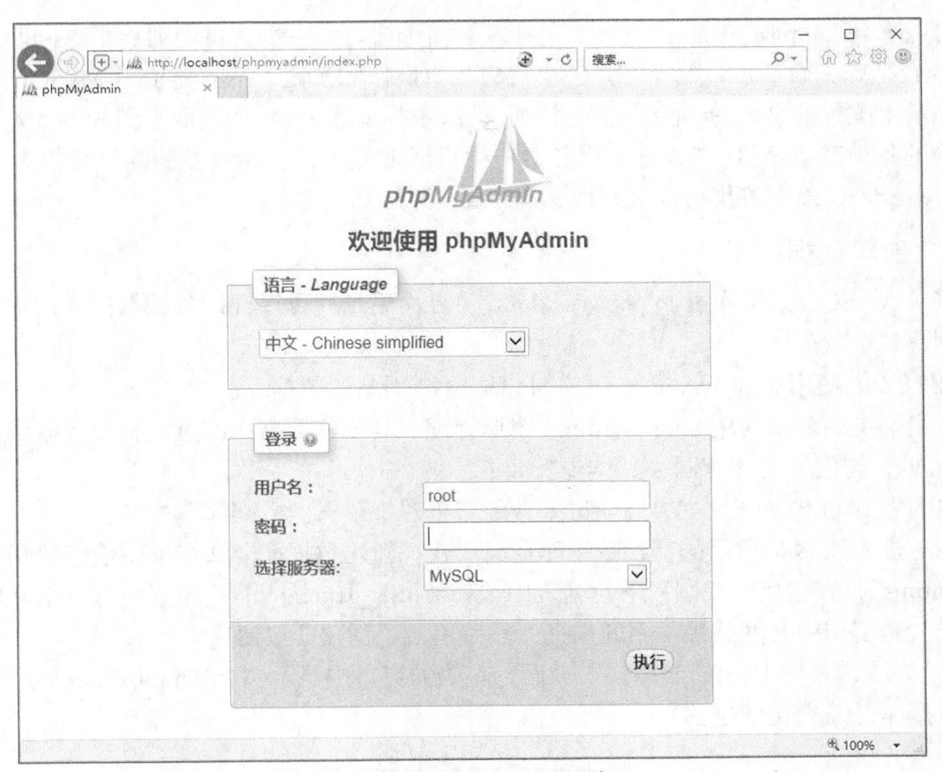

图 8-6　phpMyAdmin 登录窗口

（3）单击“执行”按钮，进入 phpMyAdmin 主界面，如图 8-7 所示。

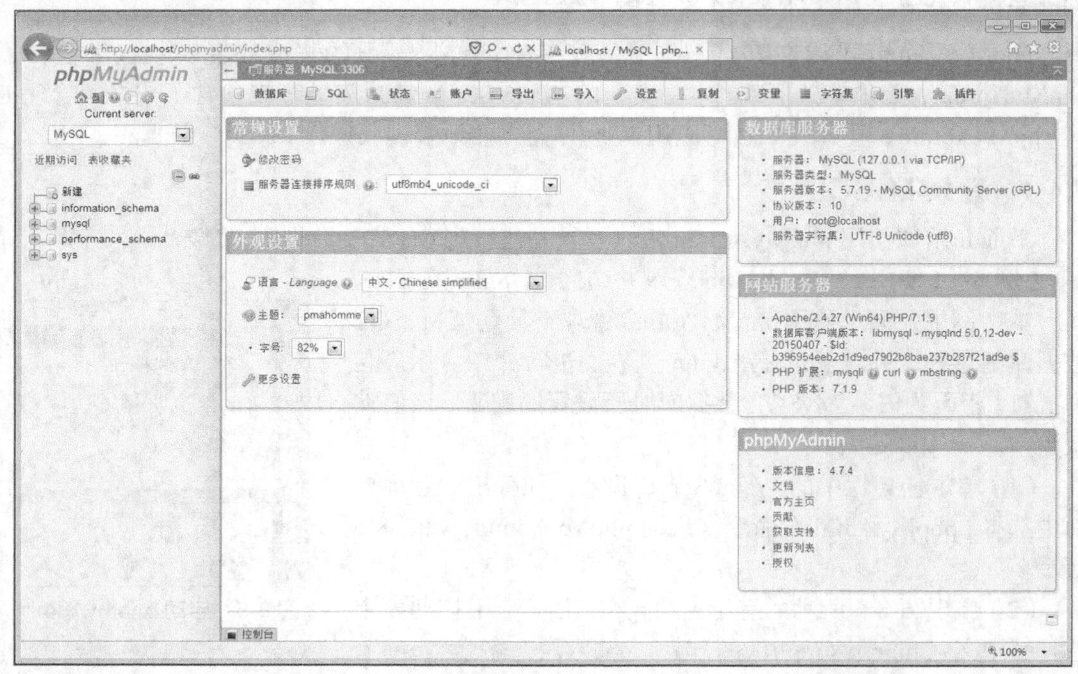

图 8-7　phpMyAdmin 主界面

可以看到，phpMyAdmin 主界面包括左右两个窗口。左侧窗口中列出了 MySQL 内建的 4 个数据库；右侧窗口的上方是一排代表相应操作的按钮，下方显示了 MySQL 数据库相关的基本配置信息，包括常规设置、外观设置、数据库服务器、网站服务器和 phpMyAdmin 软件等的各项基本信息。“数据库服务器”栏目框中显示了当前服务器的字符集为 UTF-8 Unicode (utf8)，该字符集可以很好地支持中文。

8.4.2　创建数据库

登录 MySQL 数据库进入 phpMyAdmin 主界面后，就可以开始各项数据库的操作了。首先创建一个数据库。

【例 8-2】使用 phpMyAdmin 创建 StudentMIS 网站的数据库。

本案例主要演示使用 phpMyAdmin 图形管理工具创建数据库的过程，将数据库命名为 studentmis，与网站名称相同，具体步骤如下。

（1）在 phpMyAdmin 主界面窗口上方的菜单栏中单击“数据库”按钮。

（2）进入图 8-8 所示的新建数据库页面。在“新建数据库”文本框中输入数据库名称“studentmis”，在“排序规则”下拉列表中选择“utf8_general_ci”，该规则可以很好地支持中英文，是制作中文网站最常用的选择，然后单击“创建”按钮。

（3）进入图 8-9 所示的“结构”页面，左侧的窗口中显示“studentmis”数据库节点，表示数据库已经成功创建。

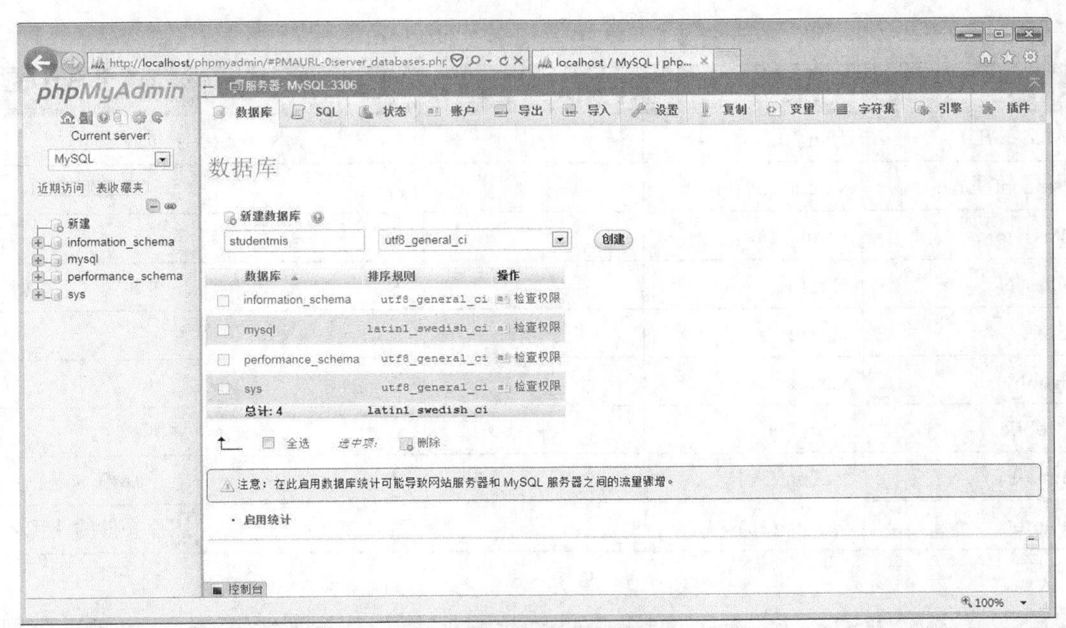

图 8-8　新建数据库页面

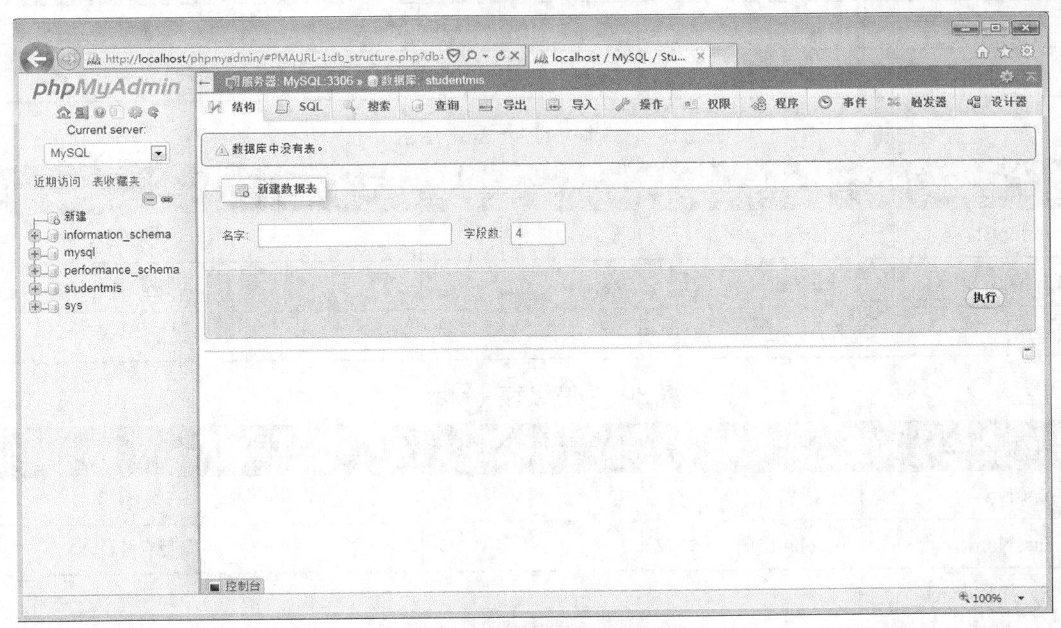

图 8-9　数据库新建成功页面

8.4.3　创建数据表

数据库创建成功后，接下来可以创建数据表。

【例 8-3】创建数据表。

本案例演示使用 phpMyAdmin 图形管理工具创建数据表、设计表结构和建立外键约束的过程。studentmis 数据库包含 4 个表：学生信息表（student）、课程表（course）、学生成绩表（result）和班级表（class），数据表的结构设计如表 8-1、表 8-2、表 8-3 和表 8-4 所示。

表 8-1　学生信息表（student）

列名	数据类型	主键	允许空	说明
StudentID	char(8)	是	否	学号
StudentName	varchar(30)		否	学生姓名
Password	varchar(30)		否	密码
ClassNo	char(8)		否	班级编号（FK）
Sex	char(2)		否	性别
Hobby	varchar(50)		是	爱好
Mobile	char(11)		是	手机
Email	varchar(30)		是	电子邮箱
Photo	varchar(30)		是	照片文件的路径

表 8-2　课程表（course）

列名	数据类型	主键	允许空	说明
CourseID	smallint	是	否	课程号
CourseName	varchar(30)		否	课程名称

表 8-3　学生成绩表（result）

列名	数据类型	主键	允许空	说明
StudentID	char(8)	是	否	学号（FK）
CourseID	smallint	是	否	课程号（FK）
Mark	float(4,1)		否	课程分数

表 8-4　班级表（class）

列名	数据类型	主键	允许空	说明
ClassNo	char(8)	是	否	班级编号
ClassName	varchar(30)		否	班级名称

具体步骤如下。

（1）首先创建 student 表。在 phpMyAdmin 主界面左侧窗口中单击数据库名称 studentmis 节点，右侧窗口即显示“结构”页面，让用户新建数据表，如图 8-10 所示。在“名字”文本框中输入表名称“student”，在“字段数”文本框中输入“9”，表示新建的 student 表将有 9 个字段，然后单击“执行”按钮。

（2）定义表结构。现在右侧窗口显示图 8-11 所示的表结构设计页面。每一行包括多个输入框，表示数据表中的一个字段的各项信息，包括字段名称、数据类型、长度、默认值、排序规则、属性、能否为空、索引信息、是否为自增字段等。按照表 8-1 学生信息表的设计，在文本框中输入各个字段的信息，并在“存储引擎”下拉列表中选择 InnoDB，然后单击“保存”按钮。

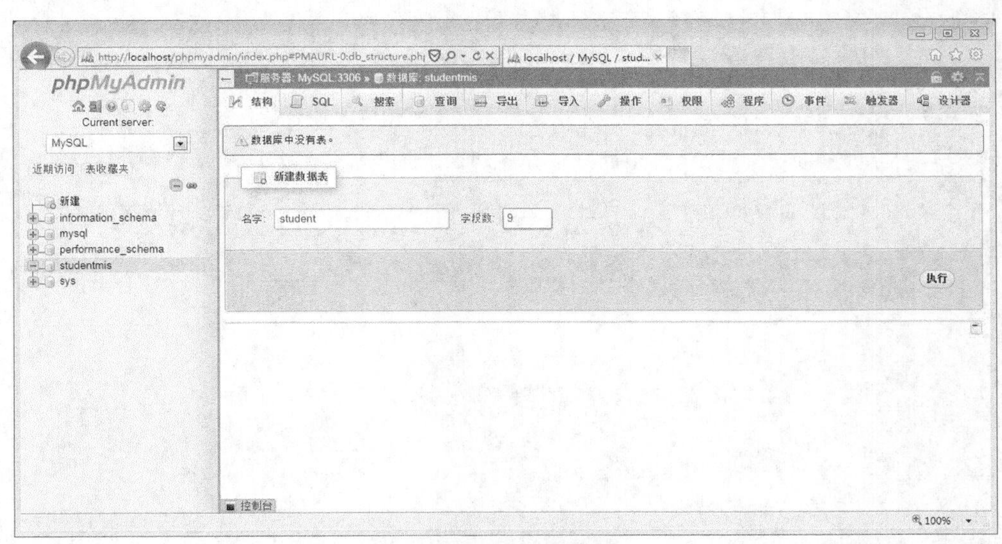

图 8-10 新建数据表

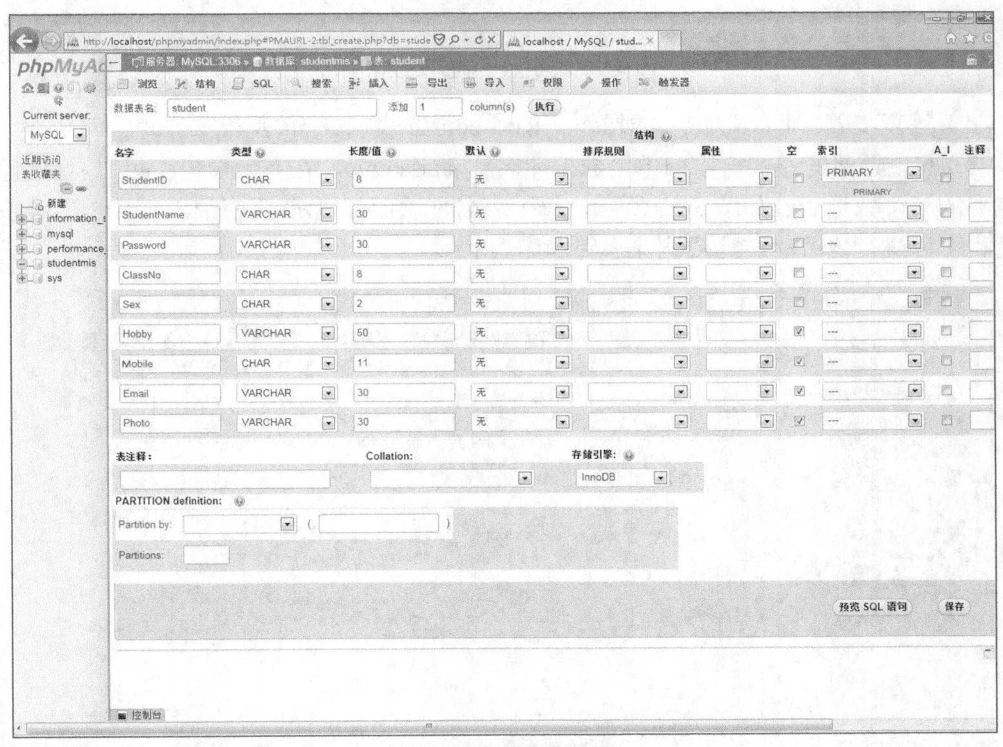

图 8-11 定义表结构

（3）出现图 8-12 所示的页面，列出了数据表所有字段的相关信息，表示已经成功创建了数据表。每个字段后面都显示了“修改”“删除”等按钮，使用这些按钮可以继续对字段进行修改或删除操作。

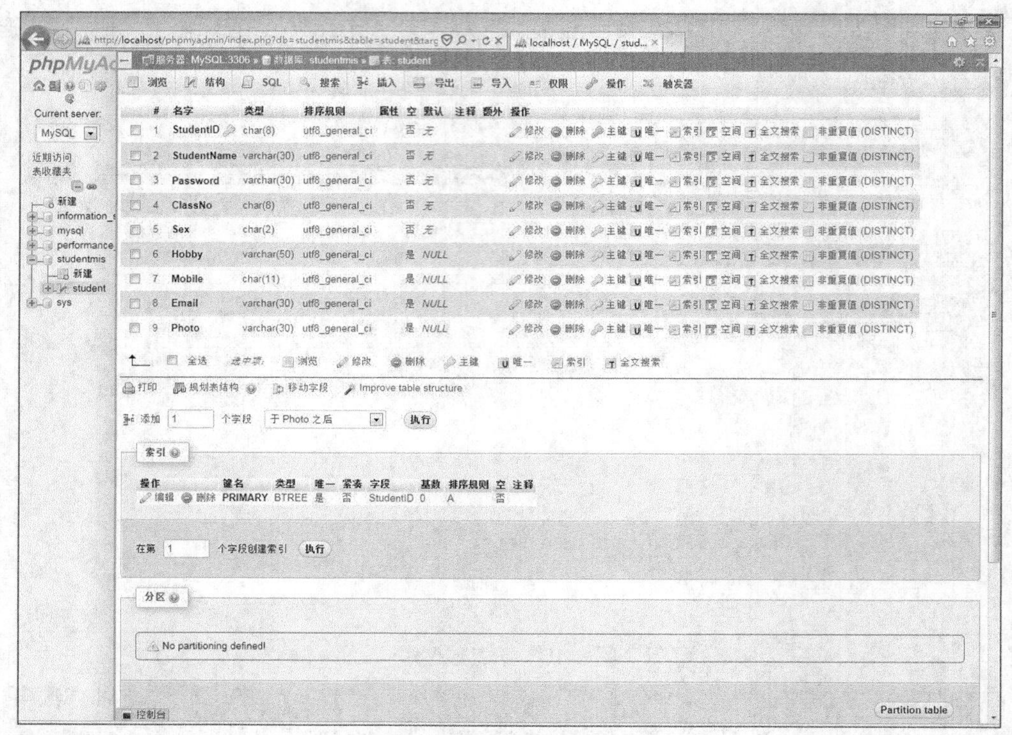

图 8-12　数据表创建成功页面

（4）重复步骤（1）～（3）的操作，创建 course 表、result 表和 class 表。

（5）在主界面的左侧窗口中单击数据库名称 studentmis，在右侧窗口中可以看到已经成功创建的 4 个数据表，如图 8-13 所示。每个表名称后面都显示了“结构”“删除”等按钮，在此也可以进行修改表结构或删除表等操作。

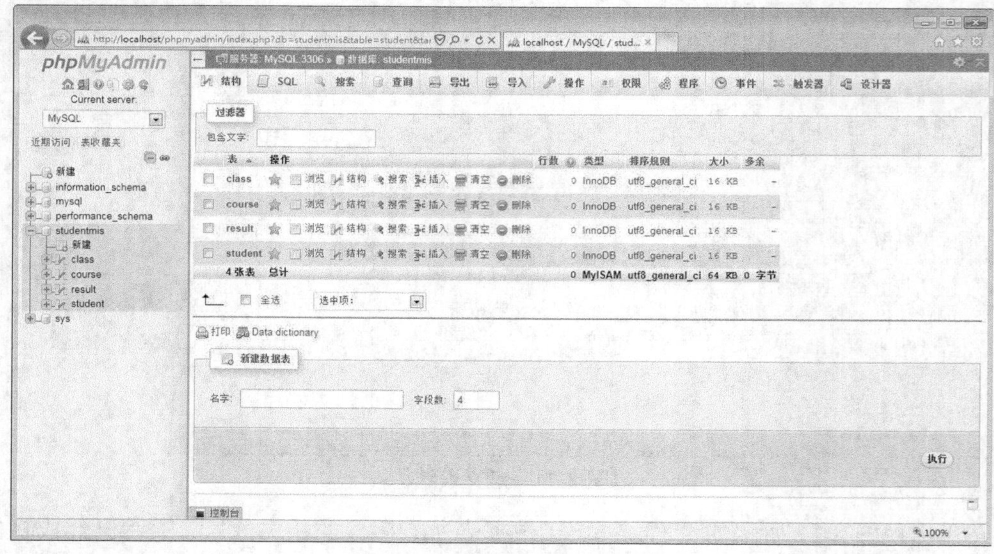

图 8-13　创建的 4 个数据表

（6）创建外键。student 表中的班级编号字段 ClassNo 与 class 表的 ClassNo 字段存在主外键约束关系，下面我们来创建外键。

在主界面的左侧窗口中依次单击数据库名称 studentmis 节点和 student 表节点，然后在右侧窗口的菜单栏中单击“结构”按钮进入结构页面，继续单击“关联视图”按钮进入外键设置页面，如图 8-14 所示。

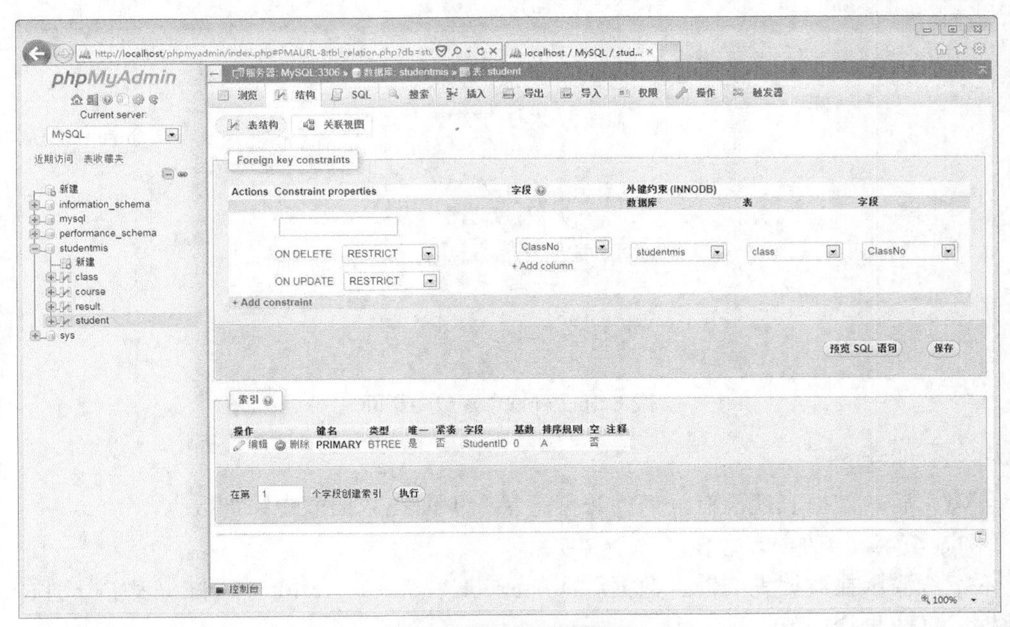

图 8-14　外键设置页面

在第一个“字段”下拉列表中选择“ClassNo”，在“外键约束（INNODB）数据库”下拉列表中选择“studentmis”，在“表”下拉列表中选择“class”。在第二个“字段”下拉列表中同样选择“ClassNo”。

创建外键页面上有“ON DELETE”和“ON UPDATE”两个下拉列表，它们各自都有 4 个选项。

- RESTRICT：如果外键对应的子表有相应的记录，则不允许对父表对应的记录进行删除或更新。
- CASCADE：在父表删除或更新记录时，外键对应子表的记录同步删除或更新。
- SET NULL：在父表删除或更新记录时，外键对应子表记录的字段同时设置为 NULL。
- NO ACTION：在 MySQL 中，与 RESTRICT 表现相同，都是立即检查外键约束。

此处我们选择默认的“RESTRICT”选项。

（7）设置完毕后单击“保存”按钮，页面如图 8-15 所示，表示创建外键的操作已经成功执行，该外键被系统自动命名为“student_ibfk_1”。

（8）重复步骤（6）~（7）的操作，设置 Result 表的 StudentID 字段、CourseID 字段分别与 Student 表的 StudentID 字段、Course 表的 CourseID 字段具有主外键关系。

注意

MySQL 创建外键需要具备以下条件：父表和子表都必须使用 InnoDB 引擎；关联子表外键的字段在父表中必须为主键；具有外键关系的字段数据类型必须匹配。

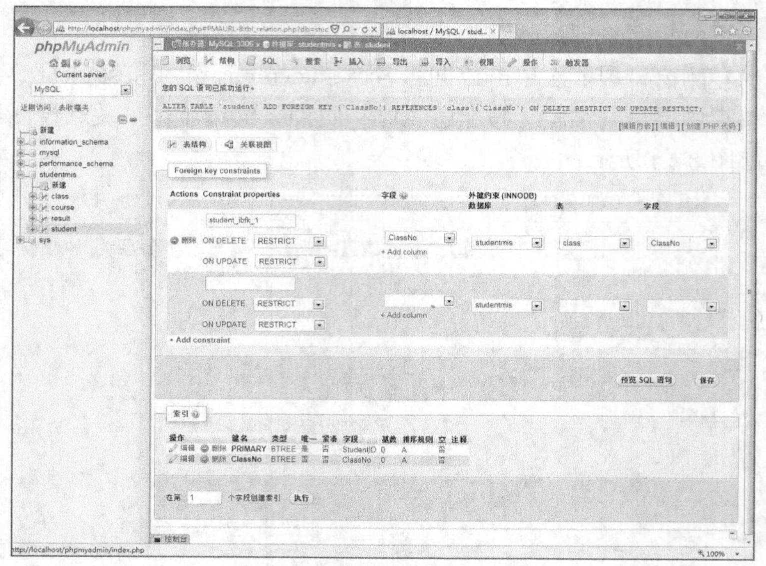

图 8-15　外键创建成功页面

8.4.4　添加表数据

创建完后的数据表还没有任何的数据记录，下面在数据表中添加数据。

【例 8-4】添加数据表数据。

本案例演示在数据表中输入数据。在 student、course、result 和 class 表中分别输入样例数据，具体步骤如下。

（1）首先输入 class 表的样例数据。在主界面的左侧窗口中依次单击数据库名称 studentmis 节点和 class 表节点，然后在右侧窗口的菜单栏中单击“插入”按钮，进入添加记录页面，如图 8-16 所示。

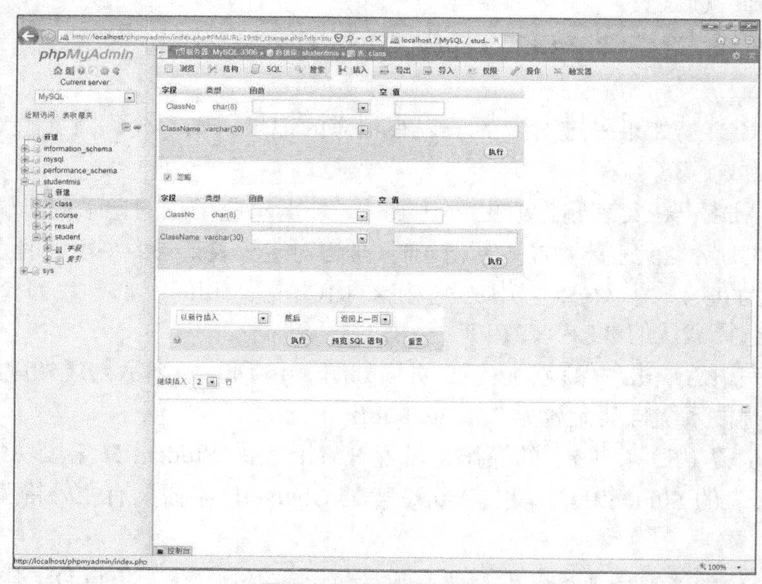

图 8-16　添加记录页面

（2）添加记录页面默认提供了插入两条记录的输入框。在页面下部的“继续插入”下拉列表中选择“10”，表示一次添加 10 条记录，页面显示如图 8-17 所示。在每条记录字段后面的输入框中输入数据，然后单击任何一个“执行”按钮即可。

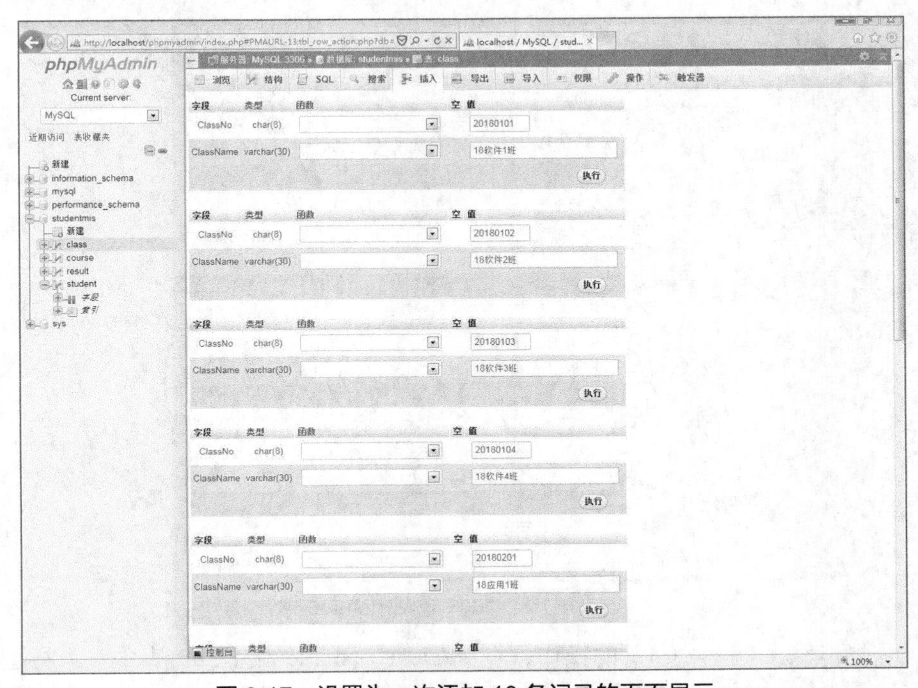

图 8-17 设置为一次添加 10 条记录的页面显示

（3）进入图 8-18 所示的 SQL 页面，页面上部显示“插入了 10 行”记录的反馈信息，接下来显示了刚才执行插入操作所对应的 SQL 语句。

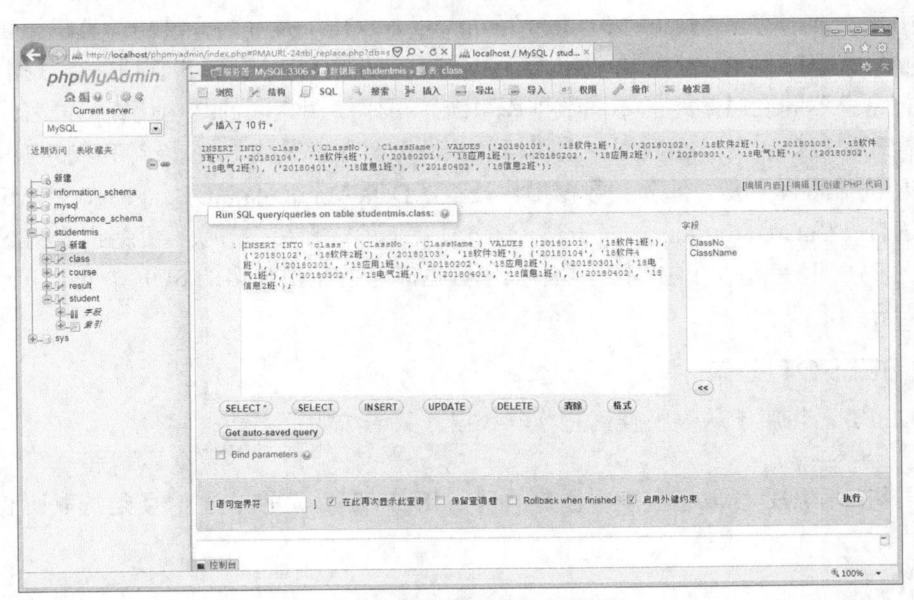

图 8-18 输入数据的 SQL 页面

（4）在主界面的左侧窗口中依次单击数据库名称 studentmis 节点和 class 表节点，进入 class 表浏览页面，如图 8-19 所示，页面列出了数据表已经保存的记录。每条记录的前面有“编辑”“复制”“删除”按钮，单击这些按钮可以对该条记录执行相应的操作。

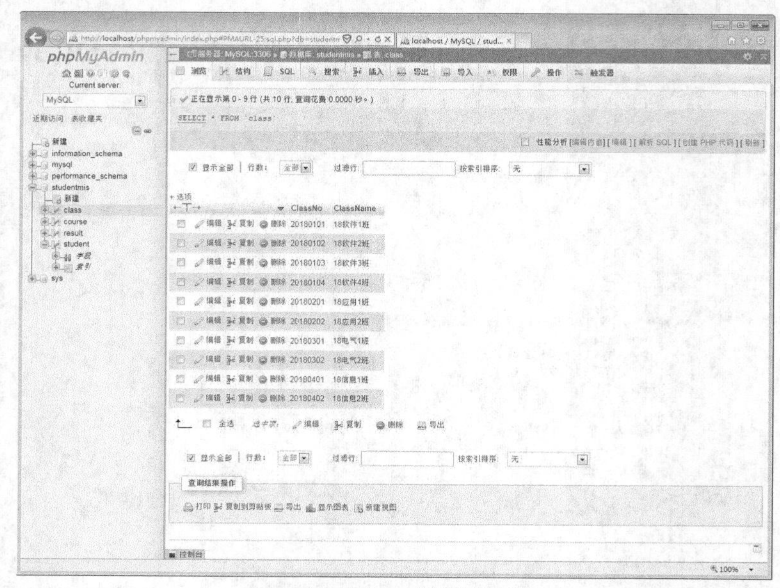

图 8-19 class 表浏览页面

（5）重复步骤（1）~（4）的操作，在 student、course 和 result 表中输入样例数据。需要注意，student 表和 result 表的数据必须遵守外键的规则。

8.5 常用 SQL 语句

结构化查询语言（Structured Query Language，SQL）是一门标准的计算机语言，用于访问和操作数据库系统。SQL 语句用于存取数据，以及查询、更新和管理关系数据库系统。对于具有完全不同底层结构的不同数据库系统，可以使用相同的结构化查询语言作为数据输入与管理的接口。需要在数据库上执行的大部分操作都是由 SQL 语句完成的。

SQL 包括两个主要的部分：数据操作语言（Data Manipulation Language，DML）和数据定义语言（Data Definition Language，DDL）。查询、插入、删除、更新指令构成了 SQL 的 DML 部分，这也是在 PHP 中编程来操作数据库时使用得最多的 SQL 语句，下面对这些语句进行介绍。

8.5.1 SELECT 语句

SELECT 语句用于从表中查询并读取数据，其语法如下。

```
SELECT * FROM 表名称
```

该语句的作用是读取指定表中所有的列，SELECT 后面的星号（*）是选取所有列的快捷方式。

或者，

```
SELECT 列名称 1,列名称 2, ... FROM 表名称
```

该语句的作用是读取指定表中指定列的内容。

【例 8-5】使用 SELECT 语句查询数据。

本案例主要说明 SELECT 语句的使用。首先使用星号（*）查询学生信息表所有列的数据，然后使用列名称查询学生学号、姓名和密码信息，具体步骤如下。

（1）在主界面的左侧窗口中单击数据库名称 studentmis，然后在右侧窗口的菜单栏中单击“SQL”按钮进入 SQL 语句页面。如图 8-20 所示，在输入框中输入语句“SELECT * FROM student”，然后单击“执行”按钮。

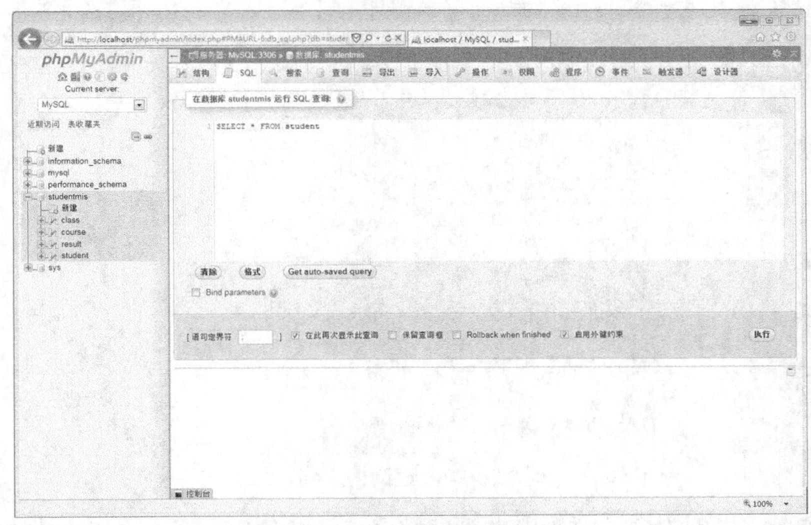

图 8-20　输入 SELECT 语句

（2）进入结果页面，可以看到读取了 student 表中所有列的内容，如图 8-21 所示。

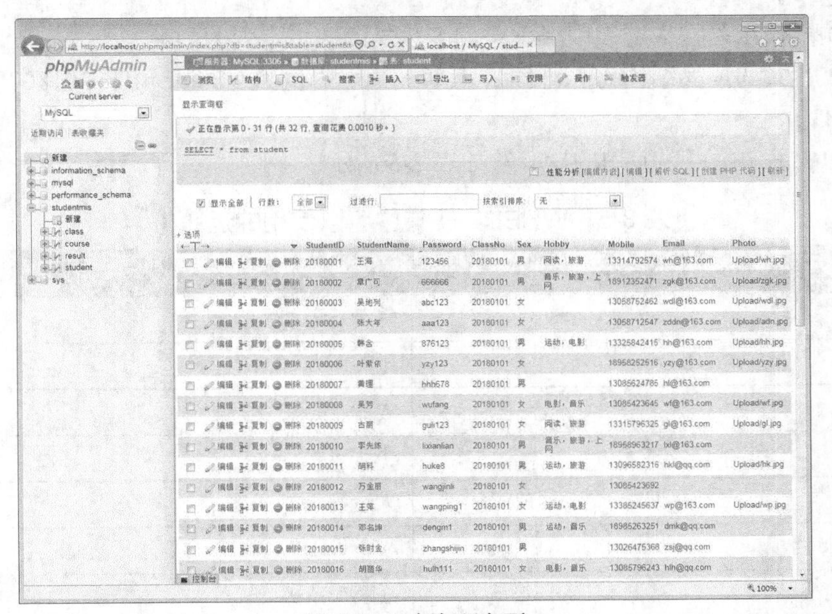

图 8-21　查询所有列

（3）单击菜单栏中的“SQL”按钮返回 SQL 语句页面，在输入框中输入语句“SELECT StudentID,StudentName,Password FROM student”，然后单击“执行”按钮，进入图 8-22 所示的结果页面，可以看到仅仅读取了 student 表中 StudentID、StudentName 和 Password 列的内容。

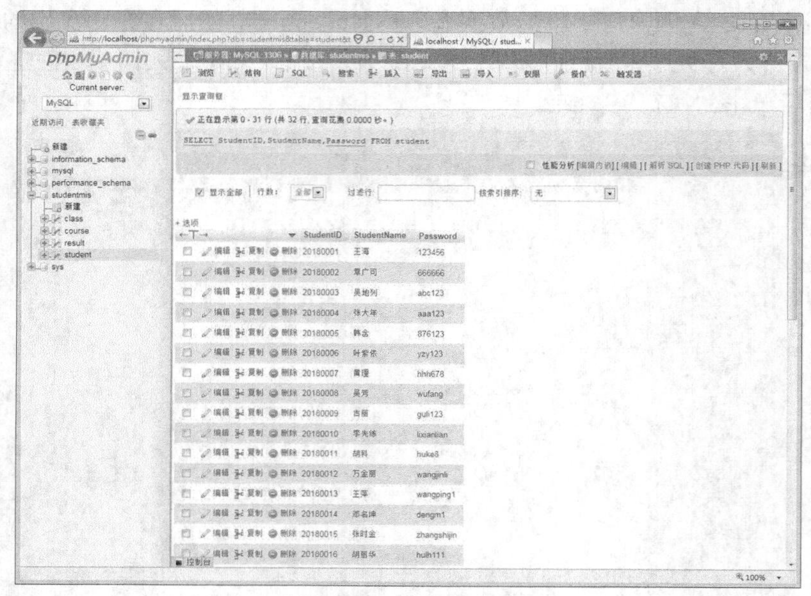

图 8-22　查询指定列

如果需要有条件地从表中选取某些列的数据，可以在 SELECT 语句中使用 WHERE 条件子句，语法格式如下：

```
SELECT 列名称 1,列名称 2, ... FROM 表名称 WHERE 条件表达式
```

该语句的作用是在指定表中根据条件表达式读取指定列的内容。

条件表达式的描述结构为“列名称 运算符 值”，例如，StudentID='20180003'表示学号为 20180003。

WHERE 子句中可以使用的运算符如表 8-5 所示。

表 8-5　WHERE 子句中可以使用的运算符

运　算　符	说　　明
=	等于
<>	不等于
>	大于
<	小于
>=	大于等于
<=	小于等于
BETWEEN	在某个范围内
LIKE	模糊匹配某种模式

在 WHERE 子句中还可以使用 AND 和 OR 运算符把两个或多个条件结合起来。AND 运算符表示如果第一个条件和第二个条件都成立则读取记录，OR 运算符表示条件中只要有一个成立就读取记录。

【例 8-6】使用 WHERE 子句。

本案例主要说明 WHERE 子句的使用。在 student 表中读取班级编号为 20180101 的所有女学生的信息，具体步骤如下。

在主界面的左侧窗口中单击数据库名称 studentmis，然后在右侧窗口的菜单栏中单击“SQL”按钮，进入 SQL 语句页面，在输入框中输入语句“SELECT * FROM student WHERE ClassNo='20180101' AND Sex='女'”，然后单击“执行”按钮。此时进入图 8-23 所示的结果页面，可以看到读取了 student 表中 9 条符合条件的记录。

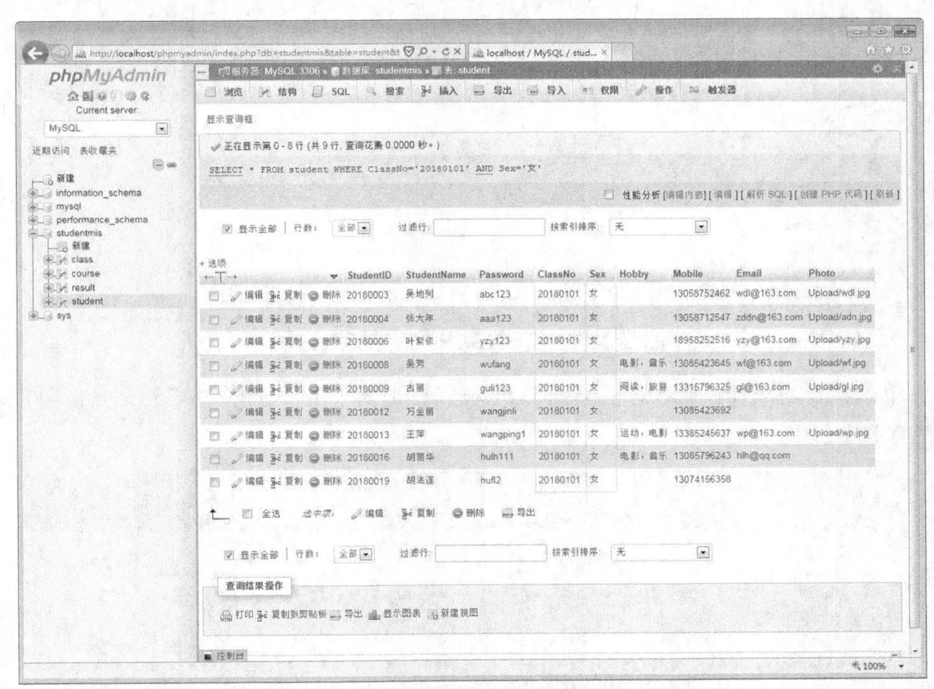

图 8-23　使用 WHERE 语句查询符合条件的记录

WHERE 子句非常重要，不仅在 SELECT 语句中使用得多，在将要学习的修改和删除语句中使用得也极为广泛。

注意

SQL 语句的关键字对大小写不敏感，例如，SELECT 和 select 具有相同的意义。但是建议使用大写的形式，这样对于某些数据库更为高效。

8.5.2　INSERT 语句

INSERT 语句用于向数据表中插入新的行，其语法格式如下：

```
INSERT INTO 表名称 VALUES (值 1, 值 2,...)
```

或者指定所要插入数据的列：

```
INSERT INTO 表名称(列名称 1, 列名称 2, ...) VALUES (值 1, 值 2, ...)
```

【例 8-7】使用 INSERT 语句。

本案例主要说明 INSERT 语句的使用。在 student 表中新增一条学生信息，学号、姓名、密码、班级编号、性别分别为 20180055、郑威、zhengw1、20180102、男，其他列信息为空，具体步骤如下。

（1）在主界面的左侧窗口中单击数据库名称 studentmis，然后在右侧窗口的菜单栏中单击“SQL”按钮，进入 SQL 语句页面，在输入框中输入语句“INSERT INTO student VALUES ('20180055', '郑威', 'zhengw1', '20180102', '男', '', '', '', '')”，然后单击“执行”按钮，进入图 8-24 所示的结果页面，显示插入了一行记录。

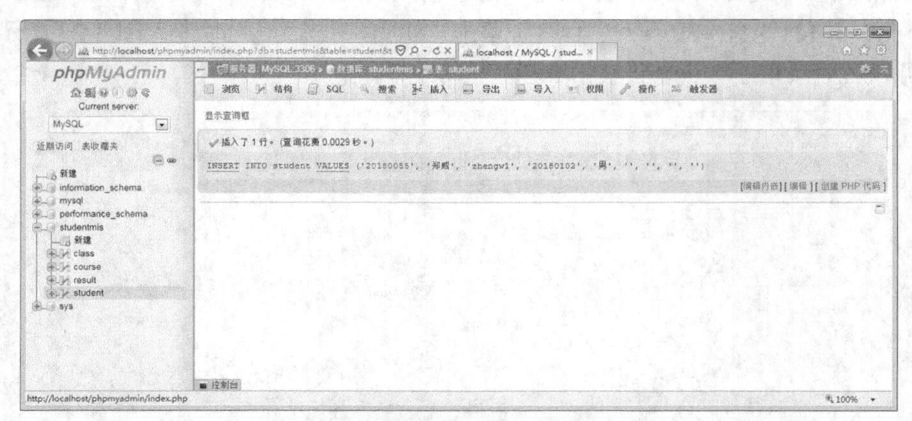

图 8-24　使用 INSERT 语句插入记录

（2）单击菜单栏中的“浏览”按钮，进入数据显示页面，如图 8-25 所示，可以看到刚刚新增的学生记录。

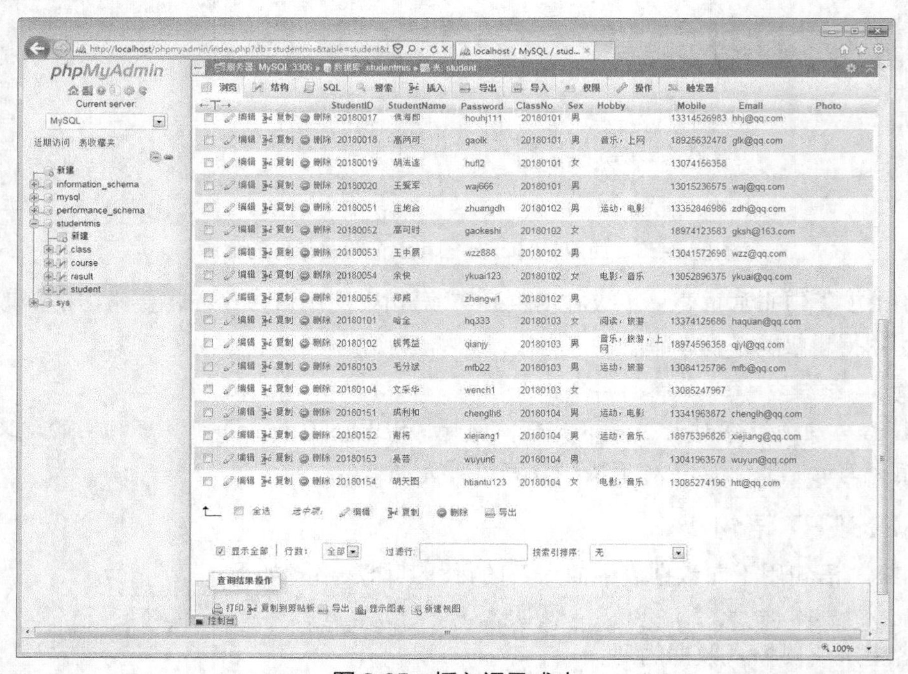

图 8-25　插入记录成功

8.5.3　UPDATE 语句

UPDATE 语句用于修改数据表中的数据，其语法格式如下。

更新指定条件行中的一个列：

```
UPDATE 表名称 SET 列名称 = 新值 WHERE 条件表达式
```

更新指定条件行中的若干列：

```
UPDATE 表名称 SET 列名称 1 = 新值，列名称 2 = 新值，... WHERE 条件表达式
```

如果 UPDATE 语句中没有 WHERE 子句，将会修改数据表中的所有记录。

【例 8-8】使用 UPDATE 语句。

本案例主要说明 UPDATE 语句的使用。修改在例 8-7 中新增的学生信息，将其性别、手机、邮箱地址分别改为女、15047852687、zhengw@qq.com。本案例中需要修改信息的学生的学号为 20180055，在 WHERE 子句中将根据该学号来修改某行记录，具体步骤如下。

（1）在主界面的左侧窗口中单击数据库名称 studentmis，然后在右侧窗口的菜单栏中单击"SQL"按钮，进入 SQL 语句页面，在输入框中输入语句"UPDATE student SET Sex='女',Mobile='15047852687',Email='zhengw@qq.com' WHERE StudentID='20180055'"，然后单击"执行"按钮。

（2）单击菜单栏中的"浏览"按钮，进入数据显示页面，如图 8-26 所示，可以看到学号为 20180055 的学生的性别（Sex）、手机（Mobile）、邮箱地址（Email）信息已经被修改。

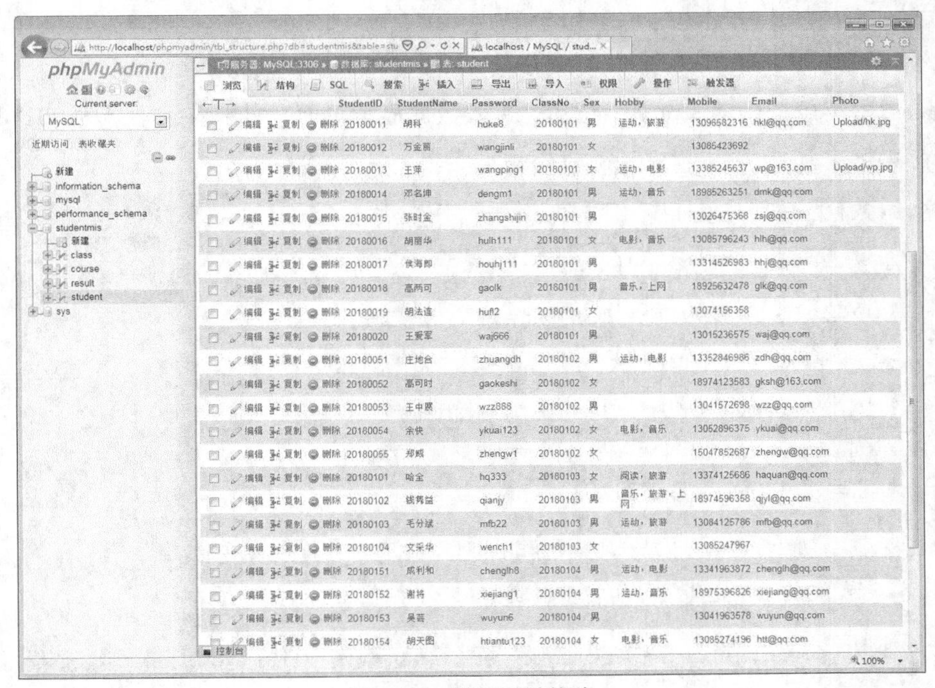

图 8-26　记录已被修改

8.5.4　DELETE 语句

DELETE 语句用于删除数据表中的行，其语法格式如下：

```
DELETE FROM 表名称 WHERE 条件表达式
```

如果 DELETE 语句中没有 WHERE 子句，将会删除数据表中的所有记录。

【例 8-9】 使用 DELETE 语句。

本案例主要说明 DELETE 语句的使用。删除在例 8-7 中新增的学生记录，需要删除的学生记录的学号为 20180055，在 WHERE 子句中将根据该学号来删除，具体步骤如下。

（1）在主界面的左侧窗口中单击数据库名称 studentmis，然后在右侧窗口的菜单栏中单击“SQL”按钮，进入 SQL 语句页面，在输入框中输入语句“DELETE FROM student WHERE StudentID='20180055'”，然后单击“执行”按钮，并确认删除。此时进入图 8-27 所示的结果页面，显示影响了一行记录。

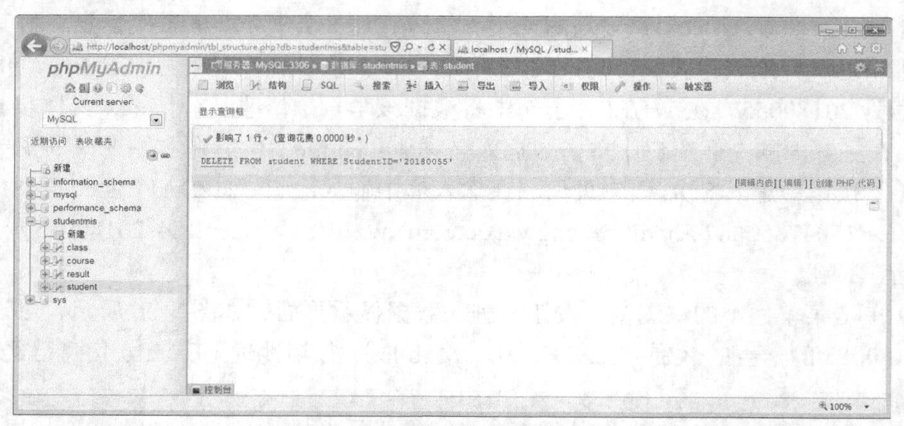

图 8-27　使用 DELETE 语句删除记录

（2）单击菜单栏中的“浏览”按钮，进入数据显示页面，可以看到学号为 20180055 的学生记录已经不存在了，如图 8-28 所示。

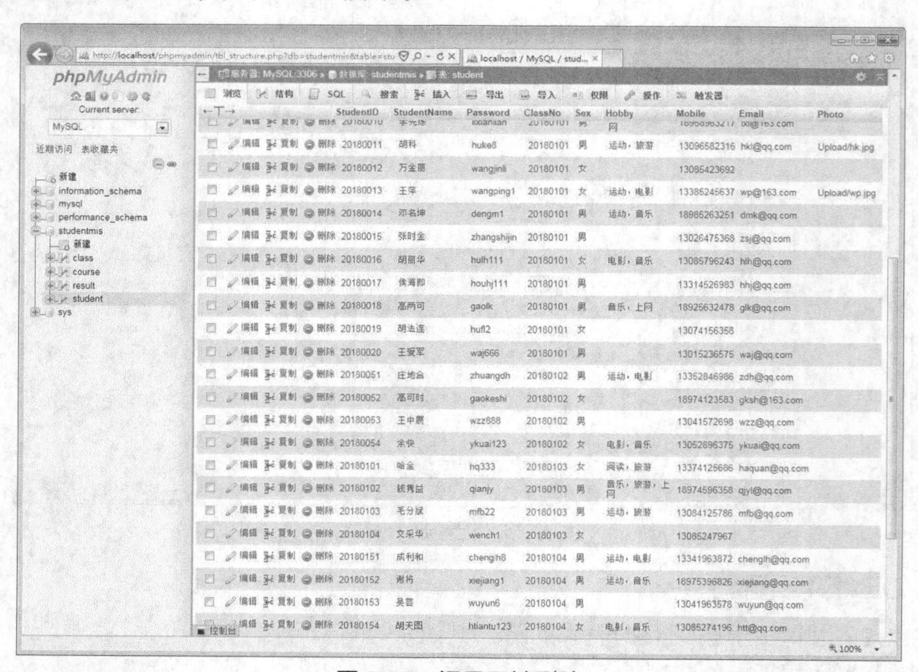

StudentID	StudentName	Password	ClassNo	Sex	Hobby	Mobile	Email	Photo
20180011	胡科	huke8	20180101	男	运动，旅游	13096582316	hkl@qq.com	Upload/hk.jpg
20180012	万金丽	wangjinli	20180101	女		13085423692		
20180013	王萍	wangping1	20180101	女	运动，电影	13386245637	wp@163.com	Upload/wp.jpg
20180014	邓名坤	dengm1	20180101	男	运动，音乐	18985263251	dmk@qq.com	
20180015	张时金	zhangshijin	20180101	男		13026475368	zsj@qq.com	
20180016	胡丽华	hulh111	20180101	女	电影，音乐	13085796243	hlh@qq.com	
20180017	侯海郎	houhj111	20180101	男		13314526983	hhj@qq.com	
20180018	高丙可	gaolk	20180101	男	音乐，上网	18925632478	glk@qq.com	
20180019	胡法连	hufl2	20180101	女		13074156358		
20180020	王爱军	waj666	20180101	男		13015236575	waj@qq.com	
20180051	庄地合	zhuangdh	20180102	男	运动，电影	13352846986	zdh@qq.com	
20180052	高可时	gaokeshi	20180102	女		18974123583	gksh@163.com	
20180053	王中原	wzz888	20180102	男		13041572698	wzz@qq.com	
20180054	余快	ykuai123	20180102	女	电影，音乐	13052896375	ykuai@qq.com	
20180101	哈全	hq333	20180103	女	阅读，旅游	13374125686	haquan@qq.com	
20180102	钱秀益	qianjy	20180103	男	音乐，旅游，上网	18974596358	qjyl@qq.com	
20180103	毛分斌	mfb22	20180103	男	运动，旅游	13084125786	mfb@qq.com	
20180104	文采华	wench1	20180103	女		13085247967		
20180151	成利和	chenglh8	20180104	男	运动，电影	13341963872	chenglh@qq.com	
20180152	谢将	xiejiang1	20180104	男	运动，音乐	18975396826	xiejiang@qq.com	
20180153	吴芸	wuyun6	20180104	男		13041963578	wuyun@qq.com	
20180154	胡天图	htiantu123	20180104	女	电影，音乐	13085274196	htt@qq.com	

图 8-28　记录已被删除

8.6 小结

本章主要介绍了 MySQL 数据库的基本知识，使用 phpMyAdmin 图形管理工具访问和操作 MySQL 数据库的方法及一些常用的 SQL 语句。使用 phpMyAdmin 工具可以相当轻松地完成 MySQL 数据库的各项基本操作。而通过在 PHP 中编程来访问数据库的应用时，离不开 SELECT、INSERT、UPDATE 和 DELETE 这些 SQL 语句来实现对数据的查询、插入、修改和删除，需要读者熟练掌握。

第 9 章 PHP 访问数据库

Web 应用系统具有丰富的功能，这些功能的实现往往离不开应用程序对数据库的访问和操作。例如，用户登录实质上是通过网页对数据库的查询来实现的，用户注册实质上是将网页收集的用户信息插入到数据库的用户数据表当中。一个 Web 应用系统的建设通常包括用户界面和数据库两大部分，其中数据库负责组织、存储和管理数据。而 Web 应用程序则用于构建用户界面，通过数据访问技术来实现对数据库的各种操作。

学习目标

- 了解 PHP 的两种数据访问接口
- 掌握使用 MySQLi 接口访问 MySQL 数据库的方法
- 熟练掌握使用 PHP 函数操作数据库的方法

9.1 数据访问接口

PHP 7 提供了两种数据访问接口来访问 MySQL 数据库，它们分别是 MySQLi 和 PDO MySQL。

PDO（PHP Data Object，PHP 数据对象）基于 PHP 扩展框架实现，随着 PHP 5.1 的发布而推出，是 PHP 应用中的一个数据库抽象层规范。PDO 使用其 MySQL 驱动去完成与 MySQL 服务器端的交互，而开发人员直接调用的是 PDO 提供的 API。它提供了一个统一的 API 来连接各类数据库服务器系统，让开发人员不必去关心具体的数据库类型。也就是说，使用 PDO 仅仅需要开发人员修改很少的 PHP 代码，就可以在任何需要的时候无缝地在不同的数据库服务器之间进行迁移，如从 Firebird 到 MySQL。它最主要的缺点是不能使用新版本的 MySQL 服务器所提供的数据库高级特性。例如，不允许 PDO 使用 MySQL 支持的多语句执行。

MySQLi（MySQL Improved）也被称为 MySQL 增强扩展版，内置在 PHP 5 及更新的版本中，可以完全支持 MySQL 4.1.3 及其更新版本中的高级特性。MySQLi 使用 PHP 扩展框架构建，相对于以前的 MySQL 扩展具有一系列的改进和优势。它同时提供了一个面向对象的接口和一个面向过程的接口，支持预处理语句、多语句执行、事务处理、嵌入式服务等。

如果数据库使用 MySQL 4.1.3 或更新版本，建议首选 MySQLi。本书主要介绍通过 MySQLi 来访问数据库。

9.2 使用 MySQLi 接口访问 MySQL 数据库

PHP 通过 MySQLi 接口来访问 MySQL 数据库，MySQLi 类提供了大量的方法和属性来与 MySQL 数据库进行交互。

9.2.1 操作步骤

PHP 访问 MySQL 数据库主要包括以下几个步骤：

- 建立连接，选择要使用的数据库；
- 创建并执行 SQL 语句；
- 返回并显示结果集；
- 断开与 MySQL 的连接。

9.2.2 连接 MySQL 数据库

MySQLi 类代表 PHP 和 MySQL 数据库之间的一个连接。我们通过创建一个 MySQLi 类的实例来连接 MySQL 数据库，语法如下：

```
new mysqli("MySQL服务器地址", "用户名", "密码", "数据库名称")
```

例如：

```
new mysqli("localhost", "root", "", "studentmis");
```

上面的代码表示 PHP 连接本机的 MySQL 服务器，用户名为 root，密码为空，选择 studentmis 数据库。localhost 代表本机服务器，也可以写成 127.0.0.1。

【例 9-1】在“学生信息管理”网站 studentmis 下创建数据库连接文件，建立与 studentmis 数据库的连接。

本案例主要说明 PHP 如何使用 MySQLi 类来连接数据库。“学生信息管理”网站下将有多个页面需要访问数据库，所以在此创建一个专门的数据库连接文件，以后在各网页需要时将该文件包含即可，具体步骤如下。

新建 PHP 文件 Conn.php，在文件中添加如下代码。

```
<?php
//实例化MySQLi类，连接studentmis数据库
$db=new mysqli("localhost", "root", "", "studentmis");

// 检查连接，如果连接发生错误，退出脚本并显示提示信息
if ($db->connect_errno) {
    exit ("数据库连接失败。");
}
?>
```

上面的代码创建了一个 MySQLi 对象$db，以后我们可以使用$db 对象的方法和属性来完成数据库的各种操作。

connect_errno 属性用于返回数据库连接时所产生的错误代码，如果没有发生任何错误，

则 connect_errno 的返回值为零。exit()函数输出一个消息并退出当前脚本，它与 die()函数的作用相同。

9.2.3 创建并执行 SQL 语句

通过调用 MySQLi 对象的 query()函数来对数据库执行一次操作，其语法格式如下：

```
query(SQL 语句);
```

query()函数对数据库具体执行什么样的操作，由它的参数 SQL 语句决定，例如：

```
query("SELECT * FROM student");
```

执行的操作是查询返回 student 表中的所有记录。

```
query("INSERT INTO student VALUES ('20180065', 'test', 123', '20180102', '男
', '', '', '', ''");
```

执行的操作是往 student 数据表中插入一条记录。

query()函数被调用后将根据执行情况返回值，如果操作失败，则返回 FALSE。如果成功地执行了 SELECT、SHOW、DESCRIBE 或 EXPLAIN 语句，则会返回一个结果集对象；如果成功执行了其他语句，如 INSERT、DELETE 等，则返回 TRUE。

9.2.4 获取结果

执行某些 SQL 语句（如 SELECT）将会返回一个结果集。PHP 提供了 4 个函数来获取查询结果集中返回的数据，它们分别是 fetch_assoc()、fetch_row()、fetch_array()和 fetch_object()函数。

1. fetch_assoc()

fetch_assoc()函数获取结果集中的一行记录，返回到一个关联数组中，并以字段名作为键名，因此可以用字段名作为关键字来取值。需要注意的是，该函数返回的字段名区分大小写。

使用 fetch_assoc()函数可一次读取结果集中的一行记录，然后指针移到下一行记录，读取完所有记录之后将返回 NULL。

例如下面的示例代码。

```
<?php
//引用数据库连接文件
require_once 'Conn.php';

//设置字符集，避免中文乱码
$db->query("SET NAMES utf8");

//定义 SQL 语句
$sql = "SELECT StudentID,StudentName FROM student LIMIT 5";

//执行 SQL 语句，返回结果
if ($result = $db->query($sql)) {
    //获取关联数组
    while ($row = $result->fetch_assoc()) {
```

```
        echo $row["StudentID"],", ", $row["StudentName"],'<br />';
    }
    //释放结果集
    $result->close();
}
//关闭连接
$db->close();
?>
```

输出的结果为：

```
20180001，王海
20180002，章广可
20180003，吴地列
20180004，张大年
20180005，韩含
```

2. fetch_row()

fetch_row()函数获取结果集中的一行记录，返回到一个索引数组中，它用数字索引取值。

前面的代码如果使用 fetch_row()函数来获取结果，则可以更改为：

```
//获取索引数组
while ($row = $result->fetch_row()) {
    echo $row[0],", ", $row[1],'<br />';
}
```

代码中，$row[0]中的 0 表示数据表的第一个字段。

3. fetch_array()

fetch_array()函数可从结果集中取得一行作为关联数组或索引数组，或二者兼有。将上面的代码改为使用 fetch_array()函数：

```
//获取数组
while ($row = $result->fetch_array()) {
    echo $row[0],", ", $row["StudentName"],'<br />';
}
```

从上面的代码可以看到，使用 fetch_array()函数获取结果，既可以使用数字索引取值，也可以使用字段名关键字取值。

4. fetch_object()

fetch_object()函数从结果集中取回一行记录并存储到一个对象中，然后通过类的方式取值。例如，上面的代码可以改写为：

```
//获取对象
while ($row = $result->fetch_object()) {
    echo  $row->StudentID,", ", $row->StudentName,'<br />';
}
```

上述这 4 种方式将输出相同的结果。

9.2.5 关闭连接

执行完对数据库的操作后，建议手动关闭 PHP 与 MySQL 数据库的连接，及时释放相关资源。数据库连接对象调用 close()函数可关闭先前打开的数据库连接。如果没有使用 close()函数关闭连接，在脚本执行完毕后会自动关闭已打开的非持久连接。

9.3 实践演练

9.3.1 查询数据

查询数据主要通过执行 SELECT 语句实现。

【例 9-2】为“学生信息管理”系统实现登录功能。

实现登录功能主要包括以下工作。首先制作登录界面，收集用户输入的用户名和密码信息，然后依据用户输入的用户名和密码在 student 表中查询是否有匹配的记录。如果有，即代表当前为合法用户，登录成功，否则登录失败。

在例 7-1 中已经完成了登录页面和模拟登录功能，本例将其改为通过查询数据表来真正地实现登录，具体步骤如下。

打开登录文件 Login.php，将原有登录代码修改如下：

```
<?php
//用户单击“登录”按钮返回页面，判断登录是否成功
if(isset($_POST["btnSubmit"])){
    //登录
    $stuNo=$_POST["stuNo"];     //用户输入的学号
    $pwd=$_POST["pwd"];     //用户输入的密码

    //引用数据库连接文件
    require_once 'Conn.php';
    //定义 SQL 语句
    $sql = "SELECT * FROM student WHERE StudentID='$stuNo' AND Password='$pwd'";
    //执行查询
    $result = $db->query($sql);
    //登录成功
    if ($result->num_rows>=1){
        …
    }
    //登录失败，弹出提示框
    else{
        echo "<script>window.alert('用户名或密码错误！')</script>";
    }
}
?>
```

上述代码中使用结果集的 num_rows 属性来判断是否查询到了符合条件的记录。

num_rows 属性返回查询结果集的记录数，如果为 0，表示结果集中没有任何记录。

浏览登录页面，输入 student 表中某个学生记录的学号和密码才能登录成功。

【例 9-3】制作学生信息查看页面，显示学生信息。

首先将 student 表关联 class 表，读取所有学生记录，然后用表格布局显示各项信息，其中的照片信息用图片标签显示，具体步骤如下。

（1）打开学生信息文件 Students.php，在“学生信息”标题代码下面添加如下代码。

```
…
<h1>学生信息</h1>
<?php
//引用数据库连接文件
require_once 'Conn.php';

//设置字符集，避免中文乱码
$db->query("SET NAMES utf8");

//定义 SQL 语句，查询所有学生信息
$sql = "SELECT student.*,class.ClassName FROM student inner join class on
student.ClassNo=class.ClassNo";

//执行 SQL 语句，返回结果，并用表格显示信息
if ($result = $db->query($sql)) {
    echo "<table class='tb'><tr><th>学号</th><th>姓名</th><th>班级</th><th>性别
</th><th>爱好</th><th>手机</th><th>电子邮箱</th><th>照片</th></tr>";
    // 获取数据
    while ($row = $result->fetch_assoc()) {
        echo "<tr><td>".$row["StudentID"].
        "</td><td>".$row["StudentName"].
        "</td><td>".$row["ClassName"].
        "</td><td>".$row["Sex"].
        "</td><td>".$row["Hobby"].
        "</td><td>".$row["Mobile"].
        "</td><td>".$row["Email"].
        "</td><td><img src='".$row["Photo"]."' width='35px' />".
        "</td></tr>";
    }
    echo "</table>";
    //释放结果集
    $result->close();
}
//关闭连接
$db->close();
?>
```

```
...
```

（2）为了让表格显示得更为美观，下面定义表格及其单元格的 CSS 样式。打开样式表文件 Style.css，在文件中添加以下样式代码。

```
/* 学生信息页面表格，宽 80%，居中，边框为 1px 蓝色，间距清空，字号为 14px */
.tb{
    width:80%;
    margin:auto;
    border:1px solid #0094ff;
    border-collapse:collapse;
    font-size:14px;
}
/* 学生信息页面表格的单元格，边框为 1px 蓝色，高为 50px，内间距 0 */
.tb tr th,.tb tr td{
    border:1px solid #0094ff;
    height: 50px;
    padding:0;
}
```

（3）浏览学生信息页面。登录后进入页面，如图 9-1 所示。

图 9-1　学生信息页面

【例 9-4】制作学生成绩查询页面，按照学号查询学生的成绩。

学生成绩查询页面实现的思路是，使用表单制作查询页面，用户在文本框中输入学号后单击“查询”按钮，程序会检查用户的输入是否为合法的学号。如果不合法，则弹出提示框；如果是合法的学号，则提交给自身页面进行处理，依据学号在 result 表中查询该学生的成绩记录并显示在页面上。如果查询不到该学号的成绩记录，则在页面显示没有该学生成绩记录的提示信息。具体步骤如下。

（1）使用表单制作界面，添加一个用于输入学号的文本框和一个“查询”按钮。打开成绩查询页面 Results.php，在“成绩查询”标题代码下面添加如下代码。

```
…
<h1>成绩查询</h1>
<form action="<?=$_SERVER['PHP_SELF']?>" method="post">
学号：<input type="text" name="stuNo" />
<input type="submit" name="btnSubmit" value="查询"/>
</form>
…
```

上述代码将表单的 action 属性设置为$_SERVER['PHP_SELF']，表示表单收集的数据提交给自身页面进行处理。

添加完表单代码后的界面如图 9-2 所示。

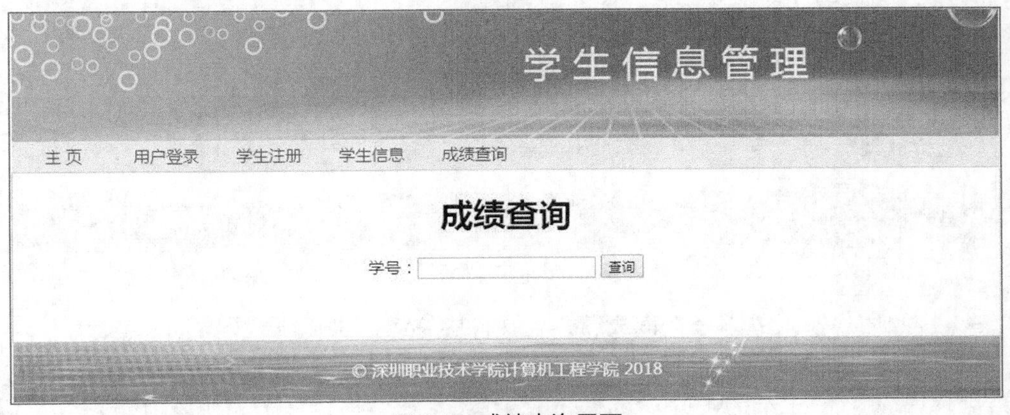

图 9-2　成绩查询界面

（2）检查用户输入的是否为合法的学号，在文件中添加如下代码。

```
…
<h1>成绩查询</h1>
<form action="<?=$_SERVER['PHP_SELF']?>" method="post">
学号：<input type="text" name="stuNo" />
<input type="submit" name="btnSubmit" value="查询"/>
</form>

<!-- 检查学号文本框中的数据，如果为空或者不是有效学号，则弹出提示框，终止表单提交-->
```

```
<script type="text/javascript">
var elform = document.getElementsByTagName("form")[0]; //获取表单
elform.onsubmit=function(){
    //表单提交，检查学号文本框的数据
    var elStuNo=document.getElementsByName("stuNo")[0];  //获取学号文本框
    var regexStuNo = /\d{8}/;    //验证规则为 8 位数字
    if(elStuNo.value==""||!regexStuNo.test(elStuNo.value)){
        window.alert("请输入有效的学号！");
        return false;  //终止表单提交
    }
}
</script>
…
```

当用户没有输入学号或者输入的学号不符合规则时，页面将弹出提示框，如图 9-3 所示。

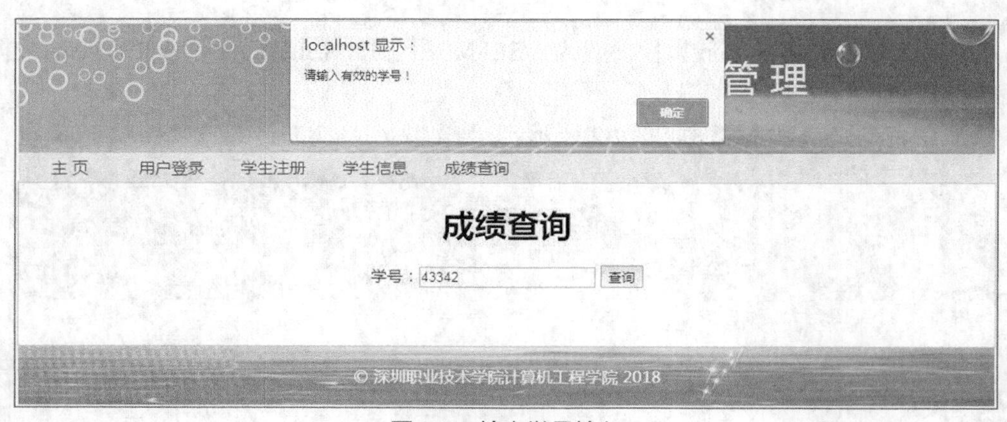

图 9-3　检查学号输入

（3）按照用户输入的学号查询成绩，在文件中继续添加以下代码。

```
…
<?php
//用户单击"查询"按钮后返回页面，按照学号查询数据并显示结果
if(isset($_POST["btnSubmit"])){
    //用户输入的学号
    $stuNo=$_POST["stuNo"];
    //文本框中显示学号
    echo
"<script>document.getElementsByName('stuNo')[0].value='{$stuNo}'</script>";
    //引用数据库连接文件
    require_once 'Conn.php';
    //设置字符集，避免中文乱码
```

```
    $db->query("SET NAMES utf8");
    //定义 SQL 语句，按学号查询信息
    $sql = "SELECT Result.StudentID,Result.Mark, course.CourseName,student.
StudentName FROM result INNER JOIN student ON result.StudentID=student.StudentID
INNER JOIN course ON result.CourseID=course.CourseID WHERE student.StudentID=
'$stuNo'";
    //执行查询
    $result = $db->query($sql);
    //查询到记录，返回查询结果并用表格显示
    if ($result->num_rows>=1){
      echo "<table class='tb'><tr><th>姓名</th><th>课程名称</th><th>成绩
</th></tr>";
        //获取数据
        while ($row = $result->fetch_assoc()) {
            echo "<tr><td>".$row["StudentName"].
            "</td><td>".$row["CourseName"].
            "</td><td>".$row["Mark"].
            "</td></tr>";
        }
        echo "</table>";
    }
    //没有查询到记录
    else{
        echo "<div style='color:red;margin-top:50px;'>没有该生的成绩记录！</div>";
    }
    //释放结果集
    $result->close();
    //关闭连接
    $db->close();
}
?>
…
```

（4）运行成绩查询页面。在“学号”文本框中输入“20180001”，然后单击“查询”按钮，显示结果如图9-4所示。

【例9-5】改进学生注册页面，根据班级数据表生成“班级”下拉列表。

在例5-1中我们制作了学生注册页面，其中“班级”下拉列表的选项是通过手动添加的，从而导致数据是固定的，此时一旦班级信息发生变化，就必须修改页面的源代码。目前在系统的class表中已经保存了班级信息，所以可以通过读取class表中的数据来自动生成“班级”下拉列表中的选项，这样程序将更为灵活，有利于维护。具体步骤如下。

姓名	课程名称	成绩
王海	Web应用系统开发	95.0
王海	Java程序设计	92.0
王海	H5跨平台应用开发	96.0
王海	数据库原理与应用	85.0
王海	网页前端开发技术	91.0
王海	Python程序设计	92.0
王海	移动应用开发	90.0
王海	数据结构	88.0
王海	企业级应用开发	85.0
王海	英语	86.0

图 9-4　成绩查询结果

打开学生注册页面 Register.php，修改“班级”下拉列表的代码。

```
…
<div>
    班级：<select name="className">
    <?php
    //引用数据库连接文件
    require_once 'Conn.php';

    //设置字符集，避免中文乱码
    $db->query("SET NAMES utf8");

    //定义 SQL 语句，查询班级信息
    $sql = "SELECT * FROM class";

    //执行 SQL 语句，返回结果，并显示为列表项信息
    if ($result = $db->query($sql)) {
        //获取数据
        while ($row = $result->fetch_assoc()) {
```

```
            echo "<option value='".$row["ClassNo"]."'>".$row["ClassName"].
"</option>";
        }
    }
    //释放结果集
    $result->close();
    //关闭连接
    $db->close();
    ?>
    </select>
</div>
…
```

运行页面，“班级”下拉列表如图 9-5 所示。其中的列表项是通过读取 class 表的数据自动生成的。

图 9-5 “班级”下拉列表

9.3.2 添加数据

添加数据主要通过向数据表执行 INSERT 语句来实现。

【例 9-6】实现学生注册功能。

学生注册的过程就是将用户在注册页面填写的信息添加到 student 表中。

前面我们已经制作了注册页面及其数据处理页面，实现了收集用户的注册信息并显示在网页上的功能。本例将进一步完善数据处理页面，将用户填写的注册信息添加到 student 表进行存储，具体步骤如下。

打开注册信息处理文件 RegisterData.php，将原有代码修改如下：

```
<?php
//设置网页文件字符集
header("Content-type:text/html;charset=UTF-8");
//包含数据库连接文件
require_once 'Conn.php';
//设置数据库字符集，避免中文乱码
$db->query("SET NAMES utf8");

//处理用户提交的原始数据
function checkInput($data) {
```

```
    $data = trim($data);    //去除空格等不必要的字符
    $data = stripslashes($data);  //删除反斜杠
    $data = htmlspecialchars($data);    //转义 HTML 特殊字符
    return $data;
}
//获取学号
$stuNo=checkInput($_POST['stuNo']);
if(empty($stuNo)){
    echo "<script>alert('学号没有填写！'); history.go(-1);</script>";
    exit();
}
//检查学号是否已经存在
$sql = "SELECT * FROM student WHERE StudentID='$stuNo'";
$result = $db->query($sql);
if ($result->num_rows>0){
    echo "<script>alert('该学号已经存在！'); history.go(-1);</script>";
    exit();
}
//获取姓名
$stuName=checkInput($_POST['stuName']);
if(empty($stuName)){
    echo "<script>alert('姓名没有填写！'); history.go(-1);</script>";
    exit();
}
//获取密码
$password=checkInput($_POST['pwd']);
if(empty($password)){
    echo "<script>alert('密码没有填写！'); history.go(-1);</script>";
    exit();
}
//获取班级
$className=checkInput($_POST['className']);
//获取性别
$sex=checkInput($_POST['sex']);
//获取爱好
if(array_key_exists('hobby', $_POST)){
    //如果用户选择了爱好，则将爱好数组中的元素连接起来，以逗号分隔
    $hobby=join(', ',$_POST['hobby']);
}
else{
    $hobby='';
```

```
}
//获取手机
$mobile=checkInput($_POST['mobile']);

//获取邮箱
$email=checkInput($_POST['email']);

//处理照片上传
switch ($_FILES['photo']['error']){//上传文件的错误信息
    case 0:   //成功上传
        //要求的文件类型
        $ftypes=['image/gif','image/pjpeg','image/jpeg','image/x-png'];
        $type=$_FILES['photo']['type'];  //上传文件的文件类型
        if(in_array($type,$ftypes)){  //上传的文件是指定的类型
            $fname=$_FILES['photo']['name'];   //文件名
            /*为避免文件重名，将文件名以学号命名*/
            $tmp=explode('.',$fname);  //将文件名以“.”分隔得到后缀名，得到一个数组
            $newFname=$stuNo.'.'.$tmp[1];  //新的文件名为学号
            $destination='Upload/'.$newFname;   //文件存储目标路径
            move_uploaded_file($_FILES['photo']['tmp_name'],     $destination);
                //上传的文件从临时文件夹移至目标文件夹
        }
        else{
            echo "<script>alert('上传文件类型不符合要求！'); history.go(-1);
</script>";
            exit();
        }
        break;
    case 1:   //文件大小超过了 PHP 默认的限制 2MB
        echo "<script>alert('上传文件出错，文件大小超过了限制！'); history.go(-1);
</script>";
        exit();
    case 4:   //没有选择上传文件
        $destination='';
        break;
}

/* 将学生信息添加到 student 表*/
$sql = "INSERT INTO student VALUES ('$stuNo', '$stuName', '$password',
'$className', '$sex', '$hobby','$mobile','$email','$destination')";
```

```
$result = $db->query($sql);
if($result){
    echo "<script>alert('注册成功! '); history.go(-1);</script>";
}
else{
    echo "<script>alert('注册失败! '); history.go(-1);</script>";
}
?>
```

上述代码首先获取注册页面提交过来的各项信息并进行数据检查，如果学号、姓名、密码等为空，则给出提示并终止程序。学号在数据表中必须唯一，所以还需要检查学号是否已经存在。对于用户上传的照片文件，除了需要检查文件类型之外，为了避免文件重名带来的意外问题，程序将用户上传的文件以学号来重命名，从而保证每个文件名称的唯一性。

运行注册页面，填入各项信息，如图 9-6 所示，然后单击“注册”按钮即可完成学生注册。进入“学生信息”页面，即可查看到刚刚注册的学生信息，如图 9-7 所示。

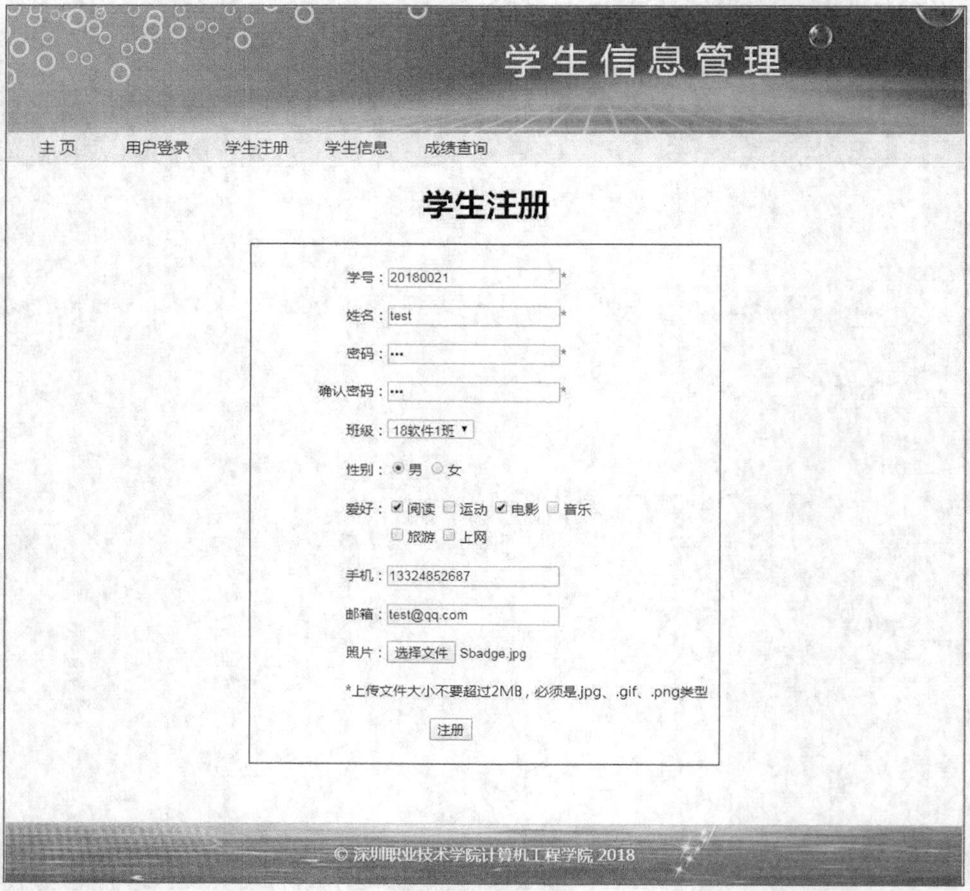

图 9-6　填写注册信息

20180018	高两可	18软件1班	男	音乐，上网	18925632478	glk@qq.com	
20180019	胡法连	18软件1班	女		13074156358		
20180020	王爱军	18软件1班	男		13015236575	waj@qq.com	
20180021	test	18软件1班	男	阅读，电影	13324852687	test@qq.com	
20180051	庄地合	18软件2班	男	运动，电影	13352846986	zdh@qq.com	
20180052	高可时	18软件2班	女		18974123583	gksh@163.com	

图 9-7　查看新添加的学生信息

9.3.3　删除数据

删除数据主要通过向数据表执行 DELETE 语句来实现。

【例 9-7】实现删除学生信息的功能。

要删除学生信息，需要完成以下一些任务。

- 在学生信息页面制作表单，在学生信息页面的每行信息前添加一个复选框，让用户可以选择需要删除的记录。
- 在页面中添加一个“删除”按钮，用户单击该按钮后出现提示框，让用户确认是否删除选中的记录。单击“是”按钮，则继续删除操作。
- 在删除处理页面先删除该学生的成绩记录，再删除该学生的信息。

具体步骤如下。

（1）在学生信息页面制作表单，并在每行信息前添加复选框。打开学生信息页面文件 Students.php，添加如下的表单代码和复选框代码。

```
<?php
…
//执行 SQL 语句，返回结果，并用表格显示信息
if ($result = $db->query($sql)) {
   echo "<form action='UpdDel.php' method='post'>";
   echo "<table class='tb'><tr><th></th><th>学号</th><th>姓名</th><th>班级
</th><th>性别</th><th>爱好</th><th>手机</th><th>电子邮箱</th><th>照片
</th></tr>";
   //获取数据
   while ($row = $result->fetch_assoc()) {
      echo "<tr><td><input type='checkbox' name='sel[]'
value='".$row["StudentID"]."'/>".
      "</td><td>".$row["StudentID"].
      "</td><td>".$row["StudentName"].
      "</td><td>".$row["ClassName"].
      "</td><td>".$row["Sex"].
```

```
        "</td><td>".$row["Hobby"].
        "</td><td>".$row["Mobile"].
        "</td><td>".$row["Email"].
        "</td><td><img src='".$row["Photo"]."' width='35px' />".
        "</td></tr>";
    }
    echo "</table>";
    echo "</form>";
    //释放结果集
    $result->close();
}
…
?>
```

将每个复选框命名为 sel[]，值为该行学生对应的学号。

添加上述代码后运行页面，如图 9-8 所示，可以看到每行学生信息前都显示了一个复选框以让用户勾选。

学生信息

	学号	姓名	班级	性别	爱好	手机	电子邮箱	相片
	20180001	王海	18软件1班	男	阅读，旅游	13314792574	wh@163.com	
	20180002	章广可	18软件1班	男	音乐，旅游，上网	18912352471	zgk@163.com	
	20180003	吴地列	18软件1班	女		13058752462	wdl@163.com	
	20180004	张大年	18软件1班	女		13058712547	zddn@163.com	
	20180005	韩含	18软件1班	男	运动，电影	13325842415	hh@163.com	
	20180006	叶紫依	18软件1班	女		18958252516	yzy@163.com	
	20180007	黄理	18软件1班	男		13085624785	hl@163.com	

图 9-8　添加的学生信息复选框

（2）添加“删除”按钮及确认提示框。在文件 Students.php 的表单代码中添加“删除”按钮代码和确认提示框代码。

```
<?php
…
//执行 SQL 语句，返回结果，并用表格显示信息
if ($result = $db->query($sql)) {
    echo "<form action='UpdDel.php' method='post'>";
    echo "<input type='submit' name='btnDel' value='删除' onclick='return confirm(\"确定要删除选中的学生信息吗？\");'/>";
```

```
    echo "<table class='tb'><tr><th></th><th>学号</th><th>姓名</th><th>班级
</th><th>性别</th><th>爱好</th><th>手机</th><th>电子邮箱</th><th>照片
</th></tr>";
    …
}
…
?>
```

在 form 表单标签中添加了一个“删除”按钮，该按钮标签中包含事件处理代码“onclick ='return confirm(\"确定要删除选中的学生信息吗？\");'”。其作用是，当用户单击“删除”按钮时，将弹出确认提示框，该确认提示框包含“确定”和“取消”按钮。如果用户单击“确定”按钮，程序将继续执行表单提交操作；如果用户单击“取消”按钮，将中止表单提交。

添加上述代码后，运行页面并单击“删除”按钮，将弹出确认提示框，如图 9-9 所示。

图 9-9　单击“删除”按钮后弹出确认提示框

（3）实现删除功能。用户单击“删除”按钮后，数据将提交到 UpdDel.php 页面进行处理。新建文件 UpdDel.php，编辑代码如下：

```
<?php
//设置网页文件字符集
header("Content-type:text/html;charset=UTF-8");
//包含数据库连接文件
require_once 'Conn.php';
//设置数据库字符集，避免中文乱码
$db->query("SET NAMES utf8");

if(count($_POST['sel'])==0){
//如果用户没有选择要删除或修改的记录，弹出提示框并返回学生信息页
    echo "<script>alert('请先选择需要删除或修改的学生信息！');history.go(-1);
</script>";
```

```
}
else{
    if(isset($_POST['btnDel'])){  //用户单击了“删除”按钮
        for($i=0;$i<count($_POST['sel']);$i++){//循环读取用户勾选的复选框的值(学号)
            //删除该学号的所有成绩记录
            $SqlDelResult="DELETE FROM result WHERE StudentID='".$_POST['sel']
[$i]."'";
            $db->query($SqlDelResult);
            //删除该学号的学生信息记录
            $SqlDelStudent="DELETE FROM student WHERE StudentID='".$_POST['sel']
[$i]."'";
            $db->query($SqlDelStudent);
        }
        //提示删除成功，并返回学生信息页
        echo  "<script>alert(' 删 除 成 功 ！ ');window.location='Students.php';
</script>";
    }
}
?>
```

上述代码实现了对学生信息的批量删除。需要注意的是，在删除学生信息之前，必须首先删除该学生的成绩记录，这样才能保证 student 表和 result 表之间的外键约束关系，同时也避免了垃圾数据在数据表中的留存。

运行学生信息页面，首先选择需要删除的学生信息，然后单击“删除”按钮并确认删除，将出现“删除成功!”提示框，页面重新返回到学生信息页面，此时可以看到刚刚所选择的学生信息已被删除。

9.3.4 编辑数据

编辑数据主要通过向数据表执行 UPDATE 语句来实现。

【例 9-8】实现编辑学生信息的功能。

要编辑学生信息，需要完成以下一些任务。

- 在学生信息页面制作表单，在学生信息页面的每行信息前添加一个复选框，让用户可以选择需要修改的记录，该任务已经在例 9-7 中完成。
- 在页面中添加一个“编辑”按钮，用户单击该按钮后进入编辑页面，同时将用户选择的需要修改的学生信息的学号提交给编辑页面。
- 在编辑页面显示该学生的原有信息。
- 修改数据表的数据。

本例中的编辑功能将与例 9-7 实现的删除功能在同一个处理文件 UpdDel.php 中实现。该页面将判断用户是单击了“删除”按钮还是“编辑”按钮，并执行不同的处理流程，具体步骤如下。

（1）在学生信息页面添加“编辑”按钮。打开学生信息页面文件 Students.php，在“删除”按钮代码后面添加如下的“编辑”按钮如下代码。

```
<?php
…
//执行 SQL 语句，返回结果，并用表格显示信息
if ($result = $db->query($sql)) {
    echo "<form action='UpdDel.php' method='post'>";
    echo "<input type='submit' name='btnDel' value='删除' onclick='return 
confirm(\"确定要删除选中的学生信息吗？\");'/>";
    echo " <input type='submit' name='btnUpdate' value='编辑'/>";
    …
?>
```

添加上述代码后，运行页面如图 9-10 所示，“删除”按钮后面显示了一个“编辑”按钮，单击该按钮将执行编辑操作。

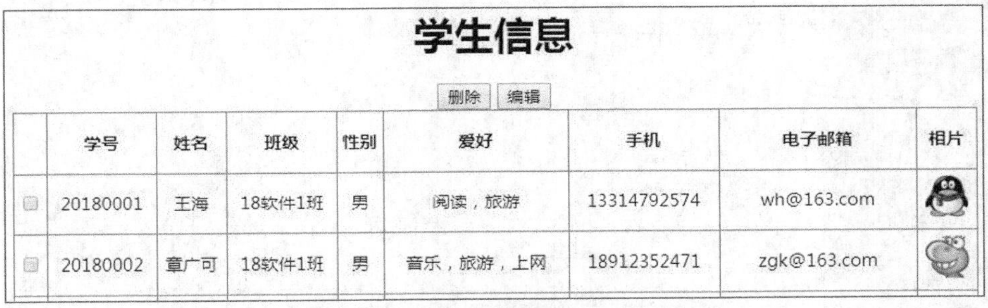

学生信息

删除　编辑

	学号	姓名	班级	性别	爱好	手机	电子邮箱	相片
	20180001	王海	18软件1班	男	阅读，旅游	13314792574	wh@163.com	
	20180002	章广可	18软件1班	男	音乐，旅游，上网	18912352471	zgk@163.com	

图 9-10　添加“编辑”按钮后的页面

（2）在编辑页面显示所选学生的原有信息。打开文件 UpdDel.php，编辑代码如下：

```
<?php
…
if(count($_POST['sel'])==0){
//如果用户没有选择要删除或修改的记录，弹出提示框并返回学生信息页
    echo "<script>alert('请先选择需要删除或修改的学生信息！');history.go(-1);
</script>";
}
else{
    if(isset($_POST['btnDel'])){  //用户单击了“删除”按钮
        …
    }
    if(isset($_POST['btnUpdate'])){  //用户单击了“编辑”按钮
        //读取所选学生的信息
        $SqlStudent = "SELECT * FROM student WHERE StudentID='".$_POST
['sel'][0]."'";
        $result =$db->query($SqlStudent);
```

```
        $row = $result->fetch_assoc();
        $StudentID=$row["StudentID"];
        $StudentName=$row["StudentName"];
        $ClassNo=$row["ClassNo"];
        $Sex=$row["Sex"];
        $Hobby=$row["Hobby"];
        $Mobile=$row["Mobile"];
        $Email=$row["Email"];
        $Photo=$row["Photo"];
        //释放结果集
        $result->close();
?>
    <?php
        include 'HeaderNav.html';  //包含头部与导航区
    ?>
    <!-- 设置编辑学生信息表单的样式 -->
    <style type="text/css">
    body{
        margin:0px;
        text-align:center;
    }
    #reg{
        width:370px;
        border:1px solid blue;
        line-height:40px;
        margin:0 auto;
        padding-left:100px;
        padding-top:15px;
        padding-bottom:15px;
        text-align:left;
        font-size:14px;
    }
    .error{
        color:red;
    }
    </style>
    <!-- 显示所选学生的各项信息 -->
    <h1>编辑学生信息</h1>
    <form action="Update.php" method="post" enctype="multipart/form-data">
    <div id="reg">
    <div>
```

```
        学号：<input type="text" name="stuNo" value='<?=$StudentID?>' readonly/>
    </div>
    <div>
        姓名：<input type="text" name="stuName" value='<?=$StudentName?>'/><span
class="error">*</span>
    </div>
    <div>
            班级：<select name="className">
        <?php
        //定义 SQL 语句，查询班级信息
        $sql = "SELECT * FROM class";
        //执行 SQL 语句，返回结果，并显示为列表项信息
        if ($result = $db->query($sql)) {
            //获取数据
            while ($row = $result->fetch_assoc()) {
                if($row["ClassNo"]==$ClassNo){
                    echo  "<option  value=".$row["ClassNo"]."'  selected>".$row
["Class Name"]."</option>";
                }
                else{
                    echo "<option value='".$row["ClassNo"]."'>".$row ["ClassName"]
."</option>";
                }
            }
        }
        //释放结果集
        $result->close();
        //关闭连接
        $db->close();
        ?>
        </select>
    </div>
    <div>
        性别：
        <?php
        if($Sex=="男"){
            echo '<input type="radio" name="sex" value="男" checked />男';
        }
        else{
            echo '<input type="radio" name="sex" value="男" />男';
```

```
        }
        if($Sex=="女"){
            echo '<input type="radio" name="sex" value="女" checked />女';
        }
        else{
            echo '<input type="radio" name="sex" value="女" />女';
        }
        ?>
    </div>
    <div>
        爱好:
        <?php
        if(stristr($Hobby,"阅读")){
            echo '<input type="checkbox" name="hobby[]" value="阅读" checked/>
阅读';
        }
        else{
            echo '<input type="checkbox" name="hobby[]" value="阅读"/>阅读';
        }
        if(stristr($Hobby,"运动")){
            echo '<input type="checkbox" name="hobby[]" value="运动" checked/>
运动';
        }
        else{
            echo '<input type="checkbox" name="hobby[]" value="运动"/>运动';
        }
        if(stristr($Hobby,"电影")){
            echo '<input type="checkbox" name="hobby[]" value="电影" checked/>
电影';
        }
        else{
            echo '<input type="checkbox" name="hobby[]" value="电影"/>电影';
        }
        if(stristr($Hobby,"音乐")){
            echo '<input type="checkbox" name="hobby[]" value="音乐" checked/>
音乐';
        }
        else{
            echo '<input type="checkbox" name="hobby[]" value="音乐"/>音乐';
        }
        ?>
```

```
    </div>
    <div style="margin-left: 42px;margin-top:-12px;">
    <?php
        if(stristr($Hobby,"旅游")){
            echo '<input type="checkbox" name="hobby[]" value="旅游" checked/>
旅游';
        }
        else{
            echo '<input type="checkbox" name="hobby[]" value="旅游"/>旅游';
        }
        if(stristr($Hobby,"上网")){
            echo '<input type="checkbox" name="hobby[]" value="上网" checked/>
上网';
        }
        else{
            echo '<input type="checkbox" name="hobby[]" value="上网"/>上网';
        }
    ?>
    </div>
    <div>
        手机：<input type="text" name="mobile" value='<?=$Mobile?>'/><span class=
"error"></span>
    </div>
    <div>
        邮箱：<input type="text" name="email" value='<?=$Email?>'/><span class=
"error"></span>
    </div>
    <div>
        照片：<img src='<?=$Photo?>' width='35px' />
        <br/><input type="file" name="photo"/>
        <br/>*上传文件大小不要超过 2MB，必须是.jpg、.gif、.png 类型

    </div>
    <div style="margin-left:85px;">
        <input type="submit" name="btnSubmit" value="更新"/>
    </div>
</div>
</form>

<!-- 检查用户输入的数据 -->
```

```
<script type="text/javascript">
var elform = document.getElementsByTagName("form")[0]; //获取表单
elform.onsubmit=function(){
    //表单提交，调用 checkData()函数验证数据，如果验证出错，中止表单提交
    return checkData();
}
//验证各项用户输入的数据
function checkData(){
    var valid=true;  //验证是否通过的标识
    //姓名必填
    var elStuName=document.getElementsByName("stuName")[0];  //获取姓名文本框
    if(elStuName.value==""){
        elStuName.nextSibling.innerHTML="*姓名必填！";
        valid=false;
    }
    else{
        elStuName.nextSibling.innerHTML="*";
    }

    //手机号码必须符合规则
    var elMobile=document.getElementsByName("mobile")[0];  //获取手机文本框
    var regexMobile = /^1[3|5|8]\d{9}$/;  //手机号码规则
    if(elMobile.value!=""&&!regexMobile.test(elMobile.value)){
        elMobile.nextSibling.innerHTML="*请输入有效的手机号码！";
        valid=false;
    }
    else{
        elMobile.nextSibling.innerHTML="";
    }

    //邮箱必须符合规则
    var elEmail=document.getElementsByName("email")[0];  //获取邮箱文本框
    var regexEmail =/([\w\-]+\@[\w\-]+\.[\w\-]+)/;  //电子邮箱地址规则
    if(elEmail.value!=""&&!regexEmail.test(elEmail.value)){
        elEmail.nextSibling.innerHTML="*请输入有效的邮箱地址！";
        valid=false;
    }
    else{
        elEmail.nextSibling.innerHTML="";
    }
```

```
    return valid;  //返回验证结果
}

</script>
<?php
    }
}
?>
<?php
include 'Footer.html';   //包含页脚区
?>
```

其中，学号不允许更改，设置为只读。

（3）更新数据表中的数据。用户编辑完数据并单击“更新”按钮后，所有数据将提交到 Update.php 页面进行处理。新建 PHP 文件并命名为 Update.php，在文件中添加如下代码。

```
<?php
//设置网页文件字符集
header("Content-type:text/html;charset=UTF-8");
//包含数据库连接文件
require_once 'Conn.php';
//设置数据库字符集，避免中文乱码
$db->query("SET NAMES utf8");

//处理用户提交的原始数据
function checkInput($data) {
    $data = trim($data);   //去除空格等不必要的字符
    $data = stripslashes($data);  //删除反斜杠
    $data = htmlspecialchars($data);   //转义 HTML 特殊字符
    return $data;
}
//获取学号
$stuNo=checkInput($_POST['stuNo']);
//获取姓名
$stuName=checkInput($_POST['stuName']);
if(empty($stuName)){
    echo "<script>alert('姓名没有填写！'); history.go(-1);</script>";
    exit();
}
//获取班级
$className=checkInput($_POST['className']);
//获取性别
```

```
$sex=checkInput($_POST['sex']);
//获取爱好
if(array_key_exists('hobby', $_POST)){
    //如果用户选择了爱好，则将爱好数组中的元素连接起来，以逗号分隔
    $hobby=join(', ',$_POST['hobby']);
}
else{
    $hobby='';
}
//获取手机
$mobile=checkInput($_POST['mobile']);

//获取邮箱
$email=checkInput($_POST['email']);

//处理照片上传
$destination='';  //上传文件存储的目标路径
switch ($_FILES['photo']['error']){//上传文件的错误信息
    case 0:   //成功上传
        $ftypes=['image/gif','image/pjpeg','image/jpeg','image/x-png'];
        //要求的文件类型
        $type=$_FILES['photo']['type'];  //上传文件的文件类型
        if(in_array($type,$ftypes)){  //上传的文件是指定的类型
            $fname=$_FILES['photo']['name'];   //文件名
            /*为避免文件重名，将文件名以学号命名*/
            $tmp=explode('.',$fname);  //将文件名以“.”分隔得到后缀名，得到一个数组
            $newFname=$stuNo.'.'.$tmp[1];  //新的文件名为学号
            $destination='Upload/'.$newFname;   //文件存储目标路径
            move_uploaded_file($_FILES['photo']['tmp_name'],     $destination);
//上传的文件从临时文件夹移至目标文件夹
        }
        else{
            echo "<script>alert('上传文件类型不符合要求！'); history.go(-1);
</script>";
            exit();
        }
        break;
    case 1:   //文件大小超过了 PHP 默认的限制 2MB
        echo "<script>alert('上传文件出错，文件大小超过了限制！'); history.go(-1);
</script>";
```

```
        exit();
    case 4:   //没有选择上传文件
        $destination='';
        break;
}

/* 更新 student 数据表，并返回学生信息页面*/
if($destination==''){
    $sql = "UPDATE student SET StudentName='$stuName',ClassNo='$className',
Sex='$sex',Hobby='$hobby',Mobile='$mobile',Email='$email' WHERE StudentID=
'$stuNo'";
}
else{
    $sql = "UPDATE student SET StudentName='$stuName',ClassNo='$className',
Sex='$sex',Hobby='$hobby',Mobile='$mobile',Email='$email',Photo='$destinatio
n' WHERE StudentID='$stuNo'";
}
$result = $db->query($sql);
if($result){
    echo "<script>alert('更新成功！');window.location='Students.php';</script>";
}
else{
    echo "<script>alert('更新失败！');window.location='Students.php';</script>";
}
?>
```

（4）运行学生信息页面，选择需要修改的学生前的复选框，如图 9-11 所示。然后单击“编辑”按钮，进入图 9-12 所示的编辑页面，修改各项信息后单击“更新”按钮，返回到学生信息页面，如图 9-13 所示，可以看到编辑后的数据已经成功更新。

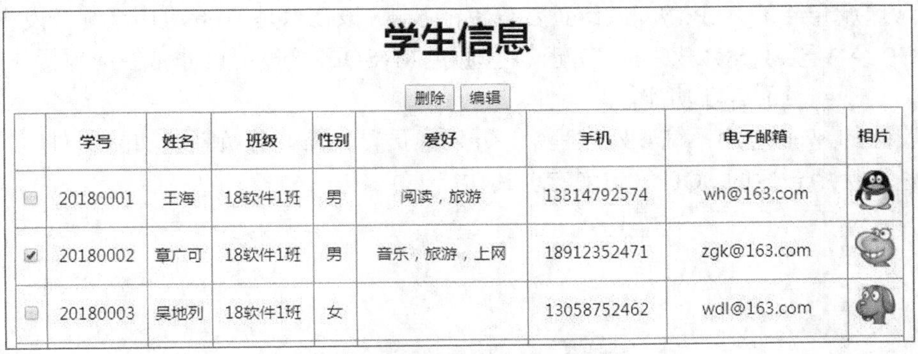

学生信息

删除　编辑

	学号	姓名	班级	性别	爱好	手机	电子邮箱	相片
☐	20180001	王海	18软件1班	男	阅读，旅游	13314792574	wh@163.com	
☑	20180002	章广可	18软件1班	男	音乐，旅游，上网	18912352471	zgk@163.com	
☐	20180003	吴地列	18软件1班	女		13058752462	wdl@163.com	

图 9-11　选择需要修改的学生前的复选框

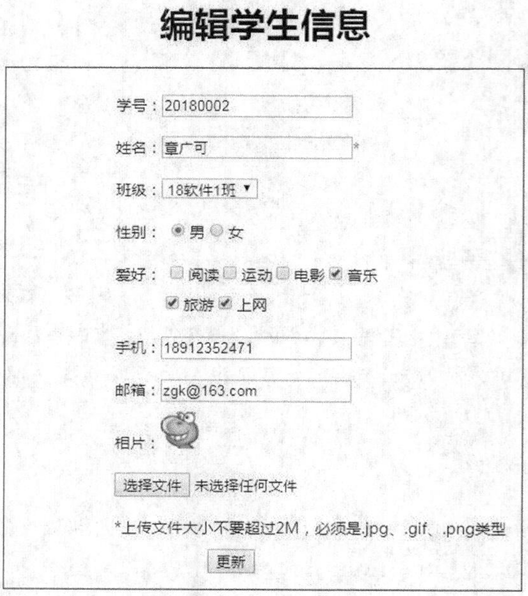

编辑学生信息

学号：20180002

姓名：章广可 *

班级：18软件1班

性别：男 女

爱好：阅读 运动 电影 音乐 旅游 上网

手机：18912352471

邮箱：zgk@163.com

相片：

选择文件 未选择任何文件

*上传文件大小不要超过2M，必须是.jpg、.gif、.png类型

更新

图 9-12 编辑页面

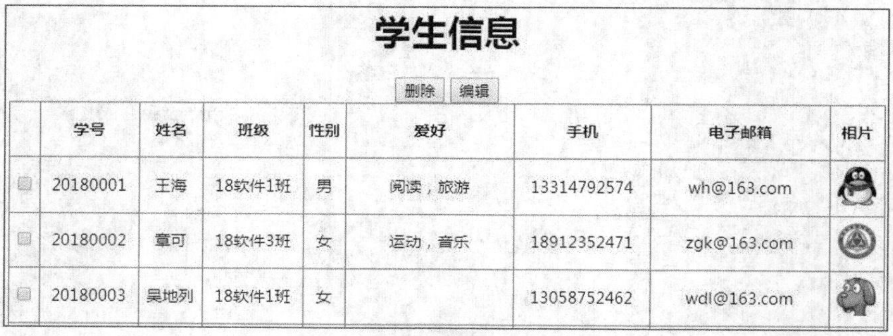

学生信息

删除 编辑

	学号	姓名	班级	性别	爱好	手机	电子邮箱	相片
	20180001	王海	18软件1班	男	阅读，旅游	13314792574	wh@163.com	
	20180002	章可	18软件3班	女	运动，音乐	18912352471	zgk@163.com	
	20180003	吴地列	18软件1班	女		13058752462	wdl@163.com	

图 9-13 编辑后的数据已成功更新

9.4 小结

本章重点介绍了 PHP 访问并维护数据库的技术，该技术是 Web 应用系统开发中的核心技术。PHP 经常与 MySQL 数据库搭配使用，通过 MySQLi 接口可以非常便捷地操作 MySQL 数据库，实现网页的各项功能。

在实际的 Web 应用系统开发过程中，开发人员首先需要分析系统功能所对应的数据库操作，进而使用合适的 SQL 语句来实现其功能。

第 10 章 网上书城项目

10.1 网上书城功能介绍

该网上书城名为 BookShop，是一家专门从事网上书籍销售的商店。用户可在该网站上浏览正在出售的各类书籍，并可在登录后在线订购喜爱的书籍。图 10-1 所示即为网上书城网站的主页 Index.php。

图 10-1　网上书城网站的主页 Index.php

主页上方是导航区域，页面中部是代表书籍分类的链接。如单击“文学类”链接，可以打开商品展示页 Products.php，如图 10-2 所示。

在该页面中，每种可供出售的书籍都包含名称、描述、图片与价格信息。用户可以单击“加入购物车”链接将想要购买的书籍加入购物车。

图 10-2　商品展示页 Products.php

现在把《轻声说再见》这本书添加到购物车中。如果用户已经登录，购物车页面将被打开；如果用户未登录，则浏览器跳转到登录页 Login.php，如图 10-3 所示。

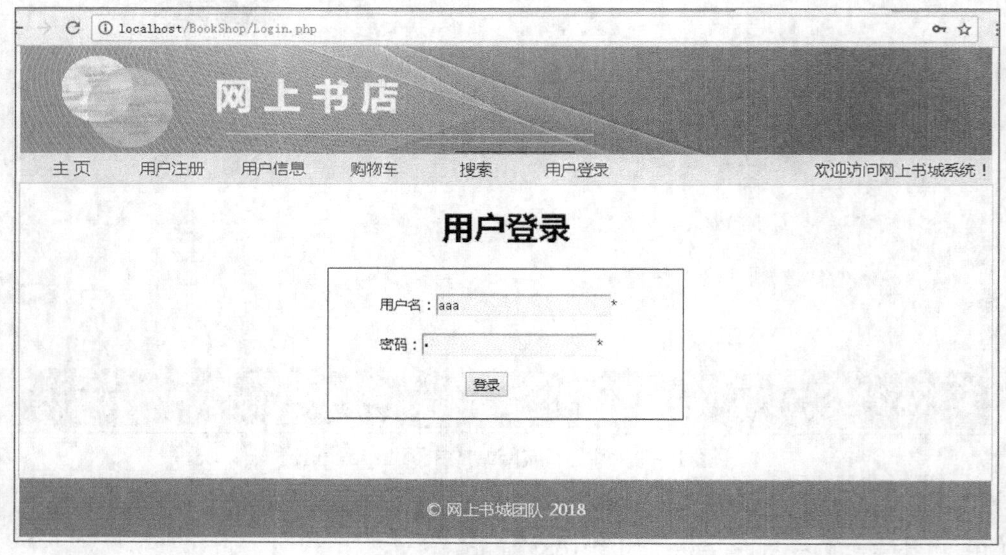

图 10-3　登录页 Login.php

如果用户尚未注册，可以单击页面上方导航区域的“用户注册”链接，打开图 10-4 所示的用户注册页 Register.php 来完成注册。

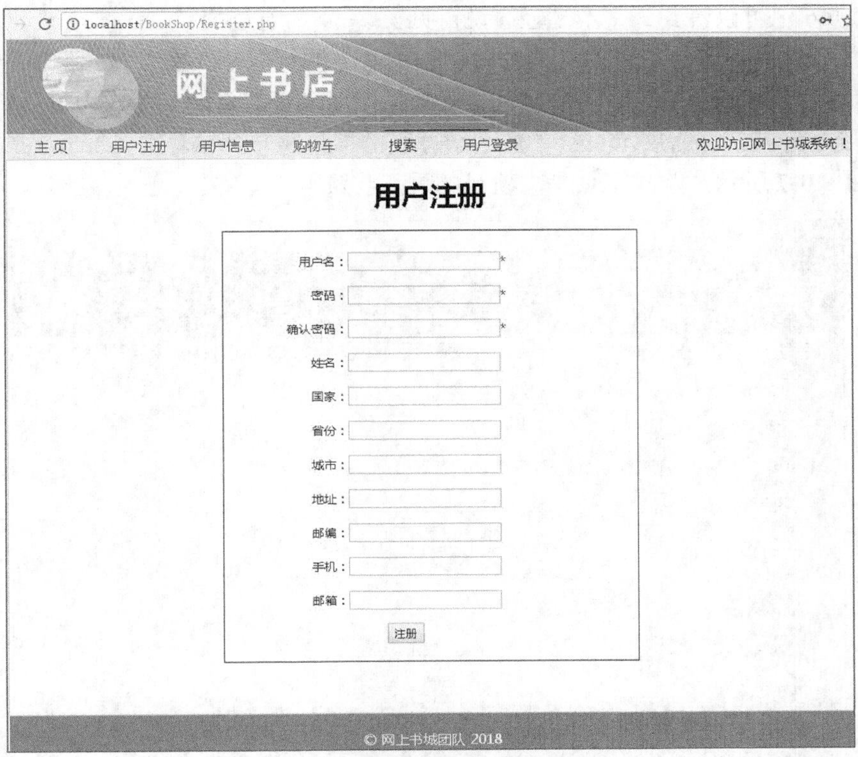

图 10-4　用户注册页 Register.php

用户注册成功后，将出现图 10-5 所示的注册成功提示。

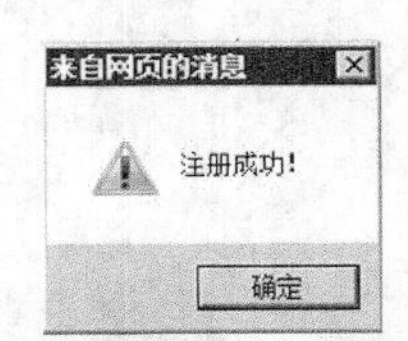

图 10-5　注册成功提示

已注册的用户在图 10-3 所示的登录页输入正确的用户名和密码并成功登录后，浏览器将跳转到图 10-6 所示的购物车页 ShoppingCart.php。

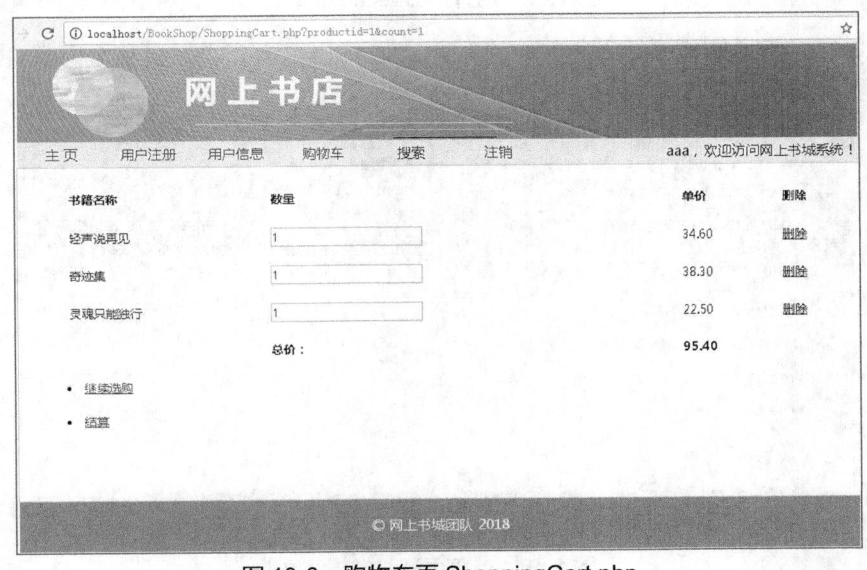

图 10-6　购物车页 ShoppingCart.php

在图 10-6 中可以看到，一本《轻声说再见》、一本《奇迹集》和一本《灵魂只能独行》已经被添加到购物车中。用户可在购物车列表中修改购买数量，在“数量”文本框中输入新的数字后按 Enter 键，将保存修改后的数量并计算出新的总价。在购物车页单击“继续选购”链接，将回到书籍展示页；单击“结算”链接将跳转到结算页 CheckOut.php，创建订单，如图 10-7 所示。购物车页是本项目的重点与难点。

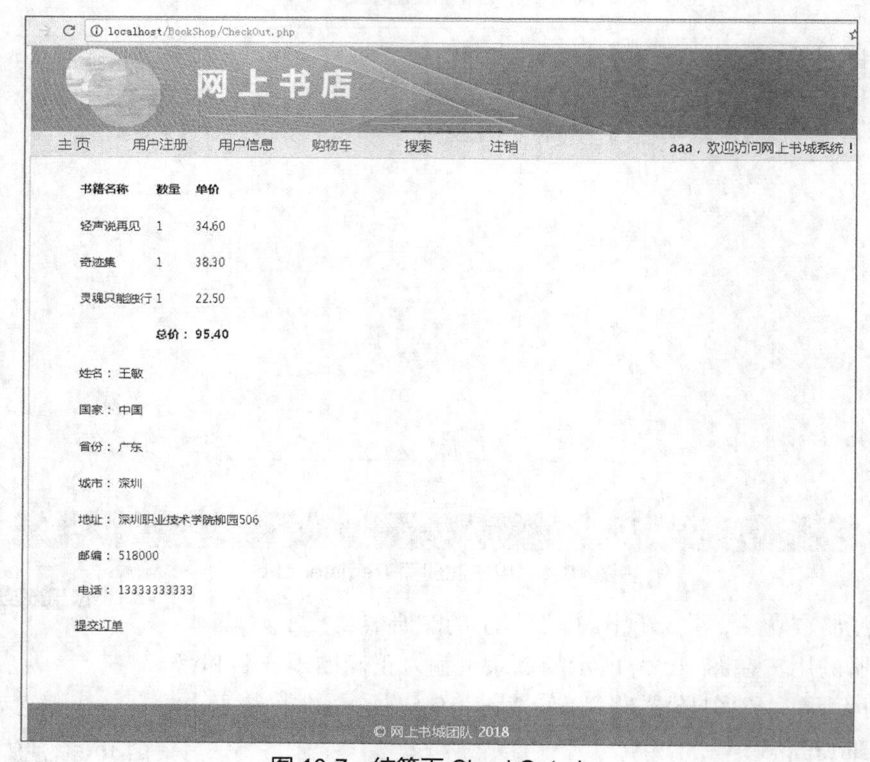

图 10-7 结算页 CheckOut.php

结算页列出了订购的书籍及用户联系信息，确认后单击“提交订单”链接即完成了整个订购过程，显示订购成功信息，如图 10-8 所示。

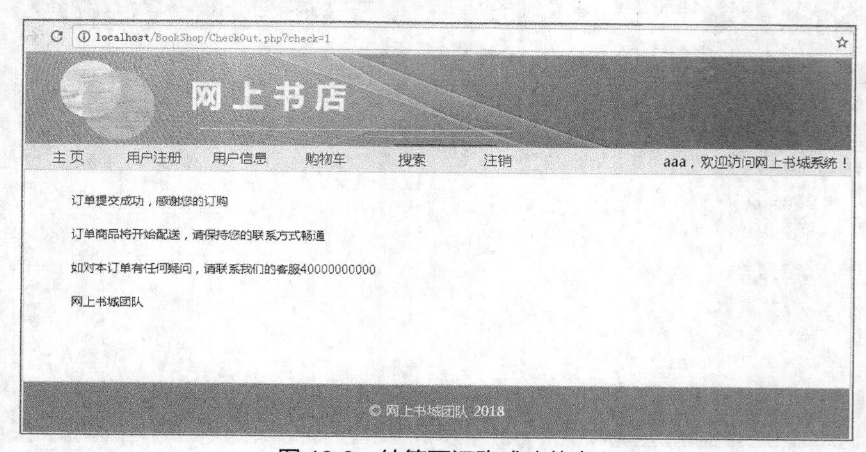

图 10-8 结算页订购成功信息

其中，在结算页中显示的用户联系信息可以在用户信息页中进行维护，如图 10-9 所示。注册成功的用户可在此填写基本信息。

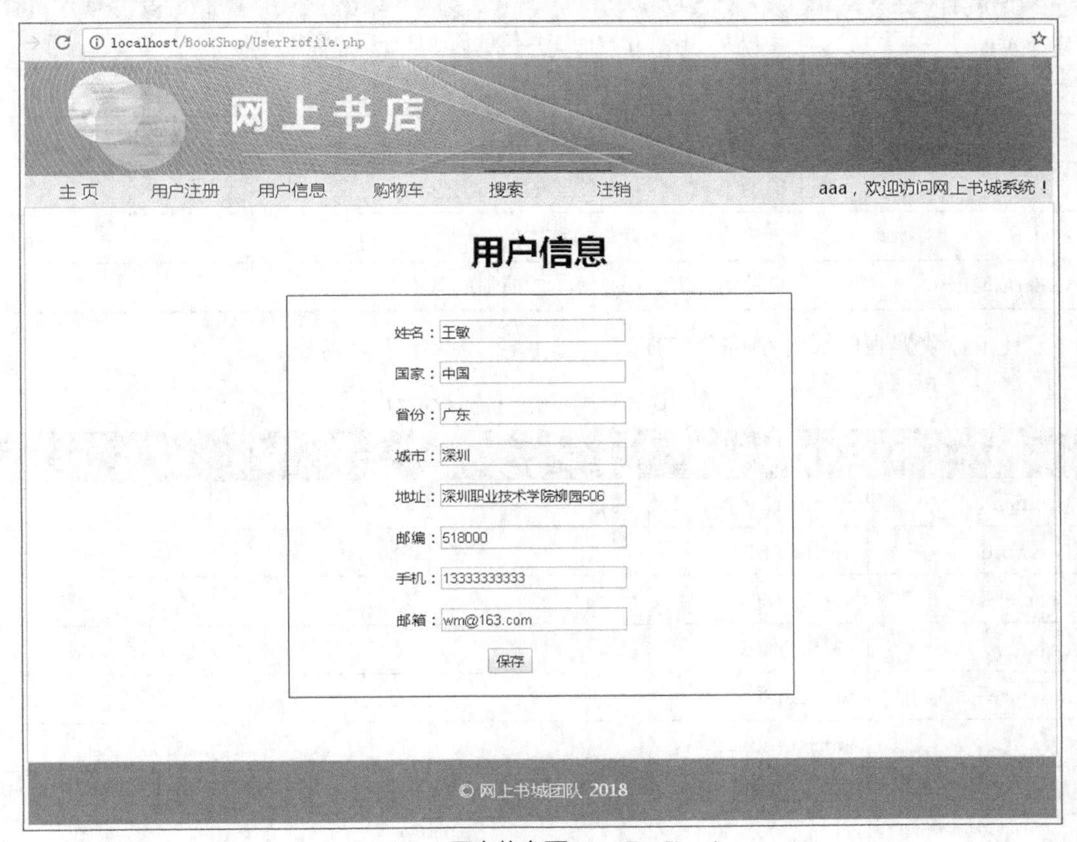

图 10-9 用户信息页 UserProfile.php

网站页面组成如表 10-1 所示。

表 10-1 网站页面组成

页 面	文 件 名	页 面	文 件 名
主页	Index.php	用户注册页	Register.php
商品展示页	Products.php	用户信息页	UserProfile.php
购物车页	ShoppingCart.php	登录页	Login.php
结算页	CheckOut.php	书籍搜索页	Search.php

10.2 数据库设计

根据网上书城的业务流程和功能设计设计了 6 个数据库表，它们的名称和说明如表 10-2 所示。注意，除了订单表外，本项目的其余表名均为所存实体的单数形式。对于订单表，由于 Order 是 SQL 的关键字，为避免混淆，这里采用复数形式 Orders 作为订单表名。

表 10-2　网站数据表的名称和说明

名　称	说　明
Account	用户表，保存用户的账号信息及地址等用户资料
Category	书籍分类表，保存书籍的分类信息
Product	书籍表，保存书籍的具体信息
Cart	购物车表，保存购物车的具体信息
Orders	订单表，保存订单的具体信息
OrderLineItem	订单明细表，保存订单的明细信息

上述各数据表的设计结构分别在表 10-3 ~ 表 10-8 中进行描述。

表 10-3　用户表（Account）

列　名	数据类型	主　键	允 许 空	说　明
Username	varchar(256)	是	否	用户名
Password	varchar(16)		否	密码
Cname	varchar(80)		是	姓名
Country	varchar(80)		是	国家
Province	varchar(80)		是	省份
City	varchar(80)		是	城市
Address	varchar(80)		是	地址
Zip	varchar(80)		是	邮政编码
Phone	varchar(80)		是	电话号码
Email	varchar(80)		是	邮件地址

表 10-4　书籍分类表（Category）

列　名	数据类型	主　键	允 许 空	说　明
CategoryId	varchar(50)	是	否	书籍分类 ID
Name	varchar(80)		否	分类名称
Descn	varchar(255)		是	分类描述
Image	varchar(50)		否	描述图片文件路径

表 10-5　书籍表（Product）

列　名	数据类型	主　键	允 许 空	说　明
ProductId	varchar(50)	是	否	书籍 ID
CategoryId	varchar(50)		否	书籍分类 ID（FK）

续表

列 名	数据类型	主 键	允 许 空	说 明
Name	varchar(80)		否	书籍名称
Descn	varchar(255)		否	书籍描述
Image	varchar(80)		否	书籍图片路径地址
ListPrice	decimal(18, 2)		否	书籍价格

在该表中，Image 字段保存书籍图片的路径地址，并不保存具体的图片数据。

表 10-6 购物车表（Cart）

列 名	数据类型	主 键	允 许 空	说 明
Username	varchar(256)	是	否	用户名（FK）
ProductId	varchar(50)	是	否	书籍 ID（FK）
Name	varchar(80)		否	书籍名称
ListPrice	decimal(18, 2)		否	书籍价格
Quantity	int		否	数量

该表用于暂存用户所选购的书籍。该表采用复合主键的形式，即由用户名及书籍 ID 组成的主键。

表 10-7 订单表（Orders）

列 名	数据类型	主 键	允 许 空	说 明
OrderId	int	是	否	订单 ID（自增）
Username	varchar(256)		否	用户名（FK）
OrderDate	datetime		否	订购时间

表 10-8 订单明细表（OrderLineItem）

列 名	数据类型	主 键	允 许 空	说 明
ItemId	int	是	否	订单明细 ID（自增）
OrderId	int		否	订单 ID（FK）
ProductId	varchar(50)		否	书籍 ID（FK）
Quantity	int		否	数量
ListPrice	decimal(18, 2)		否	书籍单价

用户每次订购都会生成一条订购记录，保存在订单表中，而所购买的具体商品信息则保存在订单明细表中。订单是典型的主/详表结构应用的例子，一条订单记录对应多条订单明细记录。

10.3 创建网站

10.3.1 网站文件结构

表 10-1 列出了组成网站的页面。对于一个 PHP 网站来说，除了表 10-1 列出的页面以外，还包含其他文件夹和文件。本项目完成后的文件结构如图 10-10 所示。

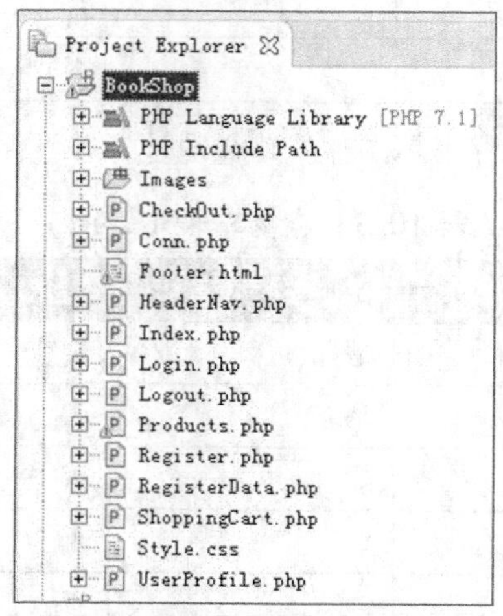

图 10-10　网上书城网站的文件结构

除表 10-1 列出的页面外，其他文件夹和文件的作用如下。

- Images 文件夹：存放网站的图片文件。
- Conn.php 文件：网站公用的数据库连接文件。
- HeaderNav.php 文件：网站公用的页头文件。
- Footer.html 文件：网站公用的页脚文件。

10.3.2 建立网站和数据库并准备资源

下面将网站的整个开发工作分解成多个任务来逐步完成。

【任务 10-1】 在 Eclipse 中创建网站、数据库，并准备数据及图片等网站所需的资源。具体步骤如下。

（1）创建网站。新建网站，将其命名为“BookShop”。

（2）添加图片资源。在网站根目录下新建 Images 文件夹，把网站用到的图片复制到该文件夹中。复制完成后，用鼠标右键单击 Images 文件夹，在弹出的快捷菜单中选择“Refresh”命令，图片文件即出现在项目管理器中，如图 10-11 所示。

（3）创建数据库。本项目数据库的创建使用 MySQL 5.7.19，数据库可直接在 phpMyAdmin 中创建。在网站下新建数据库，命名为“bookshop”。

（4）创建数据表。按照 10.2 节所设计的数据表结构创建数据表。

（5）准备数据。在 Category 表和 Product 表中输入基础数据，如图 10-12 和图 10-13 所示。

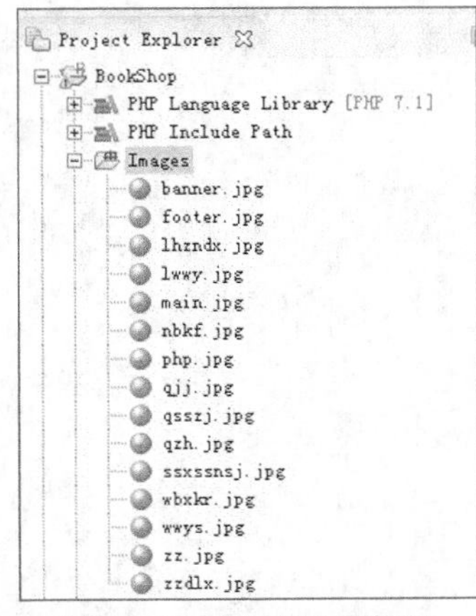

图 10-11　添加图片资源

CategoryId	Name	Descn	Image
1	文学类	文学类	wx.jpg
2	经济类	经济类	jj.jpg
3	IT类	IT类	it.jpg
4	小说类	小说类	xs.jpg
5	教育类	教育类	jy.jpg

图 10-12　Category 表数据

Productid	Categoryid	Name	Descn	Image	ListPrice
1	1	轻声说再见	《轻声说再见》是《100个基本》	qsszj.jpg	34.60
10	1	奇迹集	《奇迹集》系黄灿然近年来关乎	qjj.jpg	38.30
11	1	纳博科夫短篇小说全集	《纳博科夫短篇小说全集》是文	nbkf.jpg	49.00
2	1	灵魂只能独行	哲学家、散文家周国平亲自编选	lhzndx.jpg	22.50
3	1	寺山修司少女诗集	被遗忘的少女，住在港湾红色	ssxssnsj.jpg	39.90
4	1	恋物物语	日本生活美学家松浦弥太郎，以	lwwy.jpg	37.60
5	1	万物有时	本书完备地收录了汪曾祺写草木	wwys.jpg	24.90
6	1	千只鹤	本书包括诺贝尔奖获奖作《千只	qzh.jpg	22.10
7	1	正直	松浦弥太郎在四十九岁即将到来	zz.jpg	19.90
8	1	自在的旅行	日本生活美学大师松浦弥太郎代	zzdlx.jpg	35.90
9	1	我必须宽容	诗集《我必须宽容》收录林江合	wbxkr.jpg	25.20

图 10-13　Product 表数据

10.4 统一网站风格

为了让网站的风格统一，使所有的页面具有相同的布局，在 PHP 中采用页面包含的方法来实现。下面将采用 div+CSS 技术来制作头部与导航页面、页脚页面。

【任务 10-2】创建 BookShop 网站的页头和页脚，并应用于网站。

具体步骤如下。

（1）创建样式表文件，设置网页元素样式。在项目 BookShop 下新建 CSS 文件，命名为 Style.css，在文件中输入的样式代码如下：

```
/* 将网页元素的边距清零 */
body,header,nav,ul,li,main,footer{
   margin: 0;
}
/* header 头部宽 960 像素，高 110 像素，背景图片为 Images/banner.jpg，居中 */
header {
   width:960px;
   height:110px;
   background-image: url('Images/banner.jpg');
   margin: 0px auto;
}
/* nav 导航区宽 960 像素，高 30 像素，背景颜色为#D2E9FF，居中  */
```

```
nav {
    width: 960px;
    height: 30px;
    background-color:#D2E9FF;
    margin: 0px auto;
    text-align:right;
}
/* nav 导航区的列表去掉默认的圆点标记 */
nav ul{
    list-style-type:none;
    margin-left: -40px;
}
/* 将 nav 导航区的各列表项水平放置  */
nav ul li {
    width: 100px;
    height: 30px;
    line-height: 30px;
    text-align:center;
    float: left;
}
/* nav 导航区的各链接去掉默认的下画线  */
nav a{
    display:block;
    width:100px;
    text-decoration:none;
}
/* main 内容区宽 960 像素，居中，银色细线边框  */
main{
    width:960px;
    margin: 0px auto;
    text-align:center;
    border:1px solid silver;
    padding-bottom:40px;
}
/* footer 页脚宽 960 像素，高 60 像素，背景图片为 Images/footer.jpg，居中  */
footer{
    width:960px;
    height:60px;
    background-image: url('Images/footer.jpg');
    margin: 0px auto;
    line-height: 60px;
```

```
    text-align: center;
    color:white;
}

#main{
    width:900px;
    line-height:40px;
    margin:0 auto;
    padding-left:50px;
    padding-top:15px;
    padding-bottom:15px;
    text-align:left;
    font-size:14px;
}
.error{
    color:red;
}
#welcome{

    line-height: 30px;
}
```

（2）创建页头文件 HeaderNav.php。在网站的文件结构页面中用鼠标右键单击“BookShop”，在弹出的快捷菜单中选择“new”→“PHP file”命令，输入文件名“HeaderNav.php”，然后输入以下代码。

```
<link rel="stylesheet" type="text/css" href="Style.css"/>
<!-- 网页头部 -->
<header></header>
<!-- 导航区 -->
<nav>
    <ul>
        <li><a href="Index.php">主页</a></li>
        <li><a href="Register.php">用户注册</a></li>
        <li><a href="UserProfile.php">用户信息</a></li>
        <li><a href="ShoppingCart.php">购物车</a></li>
        <li><a href="Search.php">搜索</a></li>
        <?php
//如果已经设置了 Session 变量“userName”，则显示“注销”链接，否则显示“用户登录”链接
if (isset($_SESSION['userName'])) {
    echo "<li><a href='Logout.php'>注销</a></li>";
} else {
```

```
    echo "<li><a href='Login.php'>用户登录</a></li>";
}
?>
    </ul>
    <span id='welcome'><?php
    //如果已经设置了 Session 变量“userName”，读取并显示
if (isset($_SESSION['userName'])) {
    echo $_SESSION['userName'] . "，欢迎访问网上书城系统！";
} else {
    echo "欢迎访问网上书城系统！";
}
?></span>
</nav>
<!-- 内容区的开始 -->
<main>
<?php
error_reporting(0);
?>
```

（3）为了使整个网站的风格统一，页面头部引用了统一的样式文件 Style.css。CSS 通过描述样式来定义浏览器如何显示 HTML 元素，包括元素的布局和外观样式。

（4）在页头文件中实现了判断用户是否登录的功能后，“用户登录”链接切换为“注销”链接，并且导航条右边显示欢迎语句。

（5）创建页脚文件 Footer.html。在网站的文件结构页面中用鼠标右键单击“BookShop”，在弹出的快捷菜单中选择“new”→“PHP file”命令，输入文件名“Footer.html”，然后输入以下代码。

```
<!-- 内容区结束 -->
</main>
<!-- 网页页脚 -->
<footer>© 网上书城团队 2018</footer>
```

10.5 数据库连接

本项目的大部分网页均需进行数据库操作。为了统一代码，将数据库实例化的代码放入统一的数据库连接文件 Conn.php 中，代码如下：

```
<?php
//实例化 MySQLi 类，连接 bookshop 数据库
$db=new mysqli("localhost", "root", "", "bookshop");

// 检查连接，如果连接发生错误，退出脚本并显示提示信息
if ($db->connect_errno) {
    exit ("数据库连接失败。");
```

```
}
?>
```

后续的页面只需引用 Conn.php 文件即可访问数据库。

10.6 主页

主页是用户访问网站时看到的第一个网页，通常命名为 Index.php。

【任务 10-3】制作 BookShop 网站的主页，页面运行效果如图 10-1 所示。

页面主要采用层进行界面布局，具体步骤如下。

（1）新建网页 Index.php。

（2）在源视图中编辑页面，完成页面静态部分的 HTML 代码，代码如下：

```
<?php
session_start(); //启动会话
?>
<!DOCTYPE html>
<html>
<head>
<meta charset="utf-8">
<title>网上书城系统</title>

</head>
<body>
<?php
include 'HeaderNav.php';  //包含页头与导航页
?>
<!-- 内容区的元素 -->

<?php
include 'Footer.html';   //包含页脚页
?>
</body>
</html>
```

（3）完成后运行 Index.php 页面，查看运行效果。可以看到，目前的代码仅仅是将页头和页脚文件进行了应用，内容区域是空的。下面将进行内容区域的制作，显示书籍的分类。

【任务 10-4】制作主页的书籍分类。

书籍分类从数据库读取，并以超链接列表的形式显示。书籍分类的源代码如下：

```
<!-- 内容区的元素 -->
<?php
//显示图书的类别
//引用数据库连接文件
```

```
require_once 'Conn.php';
//设置字符集，避免中文乱码
$db->query("SET NAMES utf8");
//定义 SQL 语句，按学号查询信息
$sql = "SELECT CategoryId,Name,Descn,Image FROM Category;";
//执行查询
$result = $db->query($sql);
//查询到记录，返回查询结果并用表格显示
if ($result->num_rows >= 1) {
    echo "<div id=\"main\">";
    echo "<table width=80% align=center>";
    //获取数据
    //<a href="http://www.w3school.com.cn">W3School</a>
    $i = 0;
    while ($row = $result->fetch_assoc()) {
        $temp    =    "<td    align=center><a    href=\"Products.php?cateid="    .
$row["CategoryId"] . "\"><img src='Images\\" . $row['Image'] . "' height=150px
width=100px></a><br/>" . $row["Name"] . "</td>";
        //按照每行 4 列排列
        $i ++;
        if (($i - 1) % 4 == 0) {
            //第一列
            echo "<tr>" . $temp;
        } elseif ($i % 4 == 0) {
            //第四列
            echo $temp . "</tr>";
        } else {
            //第二列和第三列
            echo $temp;
        }
    }
    echo "</table>";
    echo "</div>";
} //没有查询到记录
else {
    echo "<div style='color:red;margin-top:50px;'>没有查到书籍类别内容！</div>";
}
//释放结果集
$result->close();
//关闭连接
$db->close();
```

```
?>
```

运行网页，测试书籍分类的显示效果。

技术要点

编写 SQL 语句从数据库中查询出所有书籍分类，然后在页面中显示。书籍分类采用表格方式实现，设定为 4 列。从数据库中查询出所有分类后，设置临时变量 i 来确定该记录位于第几列，第一列要在前面增加“<tr>”，最后一列要在后面增加“</tr>”，中间列仅显示“<td></td>”的单元格内容，单元格采用图片加链接的方式进行展示。

【任务 10-5】制作书籍搜索功能。

页头文件的页面代码已经包含了搜索相关的链接。书籍搜索功能需要处理搜索链接的单击事件，跳转到 Search.php 页面，由 Search.php 页面完成搜索与结果显示的工作。

本章将不介绍搜索页面的开发，作为实践练习，请读者自行完成 Search.php 页面。

10.7 用户登录/注销

基于数据库的 Web 应用程序需要考虑网站的安全性。网站的安全性离不开权限管理，包括用户身份识别和用户授权两部分。识别用户身份通过登录来实现。用户授权是根据不同的用户身份判断是否允许其访问某个网页或执行某些操作。用户登录后，系统将利用 Session 变量 userName 来保存用户的身份信息，直到注销。

【任务 10-6】制作登录页 Login.php。

登录页的界面设计如图 10-3 所示，用户输入用户名和密码，单击“登录”按钮后，程序先检查用户名、密码是否为空。检查通过后，在 Account 表中查询是否存在该用户记录。如果存在，则用户登录成功，保存用户信息，否则出现错误提示。

源代码如下：

```
<?php
//用户单击“登录”按钮后返回页面，判断登录是否成功
if(isset($_POST["btnSubmit"])){
    //登录
    $userName=$_POST["userName"];     //用户输入的用户名
    $pwd=$_POST["pwd"];    //用户输入的密码

    //引用数据库连接文件
    require_once 'Conn.php';
    //定义 SQL 语句
    $sql = "SELECT * FROM Account WHERE Username='$userName' AND Password='$pwd'";
    //执行查询
    $result = $db->query($sql);
    //登录成功
    if ($result->num_rows>=1){
        //使用 Session 保存登录的用户名信息
        session_start();   //启动会话
```

```
        $_SESSION['userName']=$_POST["userName"];

        //使用 Cookie 保存登录的用户名信息，保存时间为 30 天
        setcookie("userName",$_POST["userName"], time()+60*60*24*30);

        //默认返回的页面为主页
        $backUrl="Index.php";
        //若页面接收到了“frompage”参数的传值，则登录成功后跳转到“frompage”
        //参数传递的网页文件地址
        if(isset($_GET["frompage"])){
            $backUrl=$_GET["frompage"].'.php';
        }
        //页面跳转
        echo "<script>window.location='{$backUrl}'</script>";
    }
    //登录失败，弹出提示框
    else{
        echo "<script>window.alert('用户名或密码错误！')</script>";
    }
}
?>

<!DOCTYPE html>
<html>
<head>
<meta charset="UTF-8">
<title>用户登录</title>
<style type="text/css">
#login{
    width:300px;
    border:1px solid blue;
    line-height:40px;
    margin:0 auto;
    padding-left:50px;
    padding-top:15px;
    padding-bottom:15px;
    text-align:left;
    font-size:14px;
}
.error{
    color:red;
```

```
}
</style>
</head>
<body>
<?php
include 'HeaderNav.php';  //包含页头与导航页

//$actionUrl变量为登录form表单的action的URL地址，设置为登录页面自身
$actionUrl=$_SERVER['PHP_SELF'];
//如果页面接收到了URL的“frompage”参数传值，则form表单的action的URL地址继
//续传递该参数
if(isset($_GET["frompage"])){
    $actionUrl=$actionUrl.'?frompage='.$_GET["frompage"];
}
?>

<h1>用户登录</h1>
<form action="<?=$actionUrl?>" method="post" enctype="multipart/form-data">
<div id="login">
    <div>
        用户名：<input type="text" name="userName"
        <?php
        //如果读取到了Cookie保存的用户名信息，则显示在文本框中
        if (isset($_COOKIE["userName"]))
            echo " value='".$_COOKIE["userName"]."'";
        ?>
        /><span class="error">*</span>
    </div>
    <div>
        密码：<input type="password" name="pwd"/><span class="error">*</span>
    </div>
    <div style="margin-left:85px;">
        <input type="submit" name="btnSubmit" value="登录"/>
    </div>
</div>
</form>

<script type="text/javascript">
var elform = document.getElementsByTagName("form")[0]; //获取表单
elform.onsubmit=function(){
```

```
    //表单提交，调用 checkData()函数验证数据，如果验证出错，中止表单提交
    return checkData();
}
//验证用户输入的各项数据
function checkData(){
    var valid=true;  //验证是否通过的标识
    //用户名必填
    var eluserName=document.getElementsByName("userName")[0];  //获取用户名文本框
    if(eluserName.value==""){
        eluserName.nextSibling.innerHTML="*用户名必填！";
//用户名文本框右侧的文字标签显示提示信息
        valid=false;  //验证错误
    }
    else{
        eluserName.nextSibling.innerHTML="*";  //清除错误提示信息
    }

    //密码必填
    var elPwd=document.getElementsByName("pwd")[0];  //获取密码文本框
    if(elPwd.value==""){
        elPwd.nextSibling.innerHTML="*密码必填！";
        valid=false;
    }
    else{
        elPwd.nextSibling.innerHTML="*";
    }

    return valid;  //返回验证结果
}
</script>

<?php
include 'Footer.html';   //包含页脚页
?>
</body>
</html>
```

登录页面采用 form 表单的形式进行数据的提交，提交的地址为自身页面，所以在页面开始处需要判断是否有数据提交过来。

```
if(isset($_POST["btnSubmit"]))
```

如果有数据提交过来，则连接数据库进行查询，判断用户名和密码是否匹配，并在不匹配时进行相应的提示。

如果没有数据提交过来，则直接显示登录页等待用户输入用户名和密码。在单击“提交”按钮提交数据前，采用 JavaScript 代码进行数据有效性验证。

```
<script type="text/javascript">
var elform = document.getElementsByTagName("form")[0]; //获取表单
elform.onsubmit=function(){
    //表单提交，调用 checkData()函数验证数据，如果验证出错，中止表单提交
    return checkData();
}
//验证各项用户输入的数据
function checkData(){
    var valid=true;  //验证是否通过的标识
    //用户名必填
    var eluserName=document.getElementsByName("userName")[0]; //获取用户名文本框
    if(eluserName.value==""){
        eluserName.nextSibling.innerHTML="*用户名必填！";
//用户名文本框右侧的文字标签显示提示信息
        valid=false;  //验证错误
    }
    else{
        eluserName.nextSibling.innerHTML="*";  //清除错误提示信息
    }

    //密码必填
    var elPwd=document.getElementsByName("pwd")[0];  //获取密码文本框
    if(elPwd.value==""){
        elPwd.nextSibling.innerHTML="*密码必填！";
        valid=false;
    }
    else{
        elPwd.nextSibling.innerHTML="*";
    }

    return valid;  //返回验证结果
}
</script>
```

运行网页，验证用户登录功能。

技术要点

（1）使用$-POST 判断页面的入口。

（2）使用 JavaScript 判断用户输入的有效性。

【任务 10-7】制作注销页 Logout.php。

注销页的功能是将 Session 中的 userName 变量释放，并销毁当前会话的全部数据，回到主页，源代码如下：

```
<?php
session_start();
unset($_SESSION['userName']); //释放 Session 中的 userName 变量
session_destroy();  //销毁会话中的全部数据
header("location:Index.php");   //回到主页
?>
```

10.8 用户注册

BookShop 网站的用户分为两类：普通访客和注册用户。普通访客可以浏览主页及商品展示页，注册用户则还可以订购商品。普通访客通过注册即可成为注册用户。

【任务 10-8】制作用户注册页 Register.php。

用户注册页的界面设计如图 10-4 所示，用户输入用户名和密码，单击“注册”按钮后，程序先检查用户名、密码是否为空，以及两次输入的密码是否相同。检查通过后，将用户输入的数据提交至 RegisterData.php 处理。RegisterData.php 查询数据库，检查用户名是否已经存在，检查通过后向 Account 表添加一条用户记录。用户注册成功，出现成功提示界面，如图 10-5 所示。如果检查不通过，则返回用户注册页 Register.php。

Register.php 的源代码如下：

```
<!DOCTYPE html>
<html>
<head>
<meta charset="UTF-8">
<title>用户注册</title>
<style type="text/css">
body{
   margin:0px;
   text-align:center;
}
#reg{
   width:370px;
   border:1px solid blue;
   line-height:40px;
   margin:0 auto;
   padding-left:100px;
   padding-top:15px;
   padding-bottom:15px;
   text-align:left;
```

```
    font-size:14px;
}
.error{
    color:red;
}
</style>
</head>
<body>
<?php
include 'HeaderNav.php';  //包含页头与导航页
?>
<h1>用户注册</h1>
<form action="RegisterData.php" method="post" >
<div id="reg">
    <div style="margin-left:-14px;">
        用户名：<input type="text" name="userName"/><span class="error">*</span>
    </div>
    <div>
        密码：<input type="password" name="pwd"/><span class="error">*</span>
    </div>
    <div style="margin-left:-28px;">
        确认密码：<input type="password" name="confirmPwd"/><span class="error">*
</span>
    </div>
    <div>
        姓名：<input type="text" name="cName"/>
    </div>
    <div>
        国家：<input type="text" name="country"/>
    </div>
    <div>
        省份：<input type="text" name="province"/>
    </div>
    <div>
        城市：<input type="text" name="city"/>
    </div>
    <div>
        地址：<input type="text" name="address"/>
    </div>
    <div>
```

```
        邮编：<input type="text" name="zip"/>
    </div>
    <div>
        手机：<input type="text" name="phone"/><span class="error"></span>
    </div>
    <div>
        邮箱：<input type="text" name="email"/><span class="error"></span>
    </div>
        <div style="margin-left:85px;">
        <input type="submit" name="btnSubmit" value="注册"/>
    </div>
</div>
</form>
<script type="text/javascript">
var elform = document.getElementsByTagName("form")[0]; //获取表单
elform.onsubmit=function(){
    //表单提交，调用 checkData()函数验证数据，如果验证出错，中止表单提交
    return checkData();
}
//验证用户输入的各项数据
function checkData(){
    var valid=true;  //验证是否通过的标识
    //用户名必填
    var elUserName=document.getElementsByName("userName")[0]; //获取用户名文本框
    if(elUserName.value==""){
        elUserName.nextSibling.innerHTML="*用户名必填！";
//用户名文本框右侧的文字标签显示提示信息
        valid=false;  //验证错误
    }
    else{
        elUserName.nextSibling.innerHTML="*";  //清除错误提示信息
    }

    //密码必填
    var elPwd=document.getElementsByName("pwd")[0];  //获取密码文本框
    if(elPwd.value==""){
        elPwd.nextSibling.innerHTML="*密码必填！";
        valid=false;
    }
    else{
        elPwd.nextSibling.innerHTML="*";
```

```
    }

    //确认密码必须与密码相同
    var elConfirmPwd=document.getElementsByName("confirmPwd")[0];
    //获取确认密码文本框
    if(elConfirmPwd.value!=elPwd.value){
        elConfirmPwd.nextSibling.innerHTML="*确认密码必须与密码一致！";
        valid=false;
    }
    else{
        elConfirmPwd.nextSibling.innerHTML="*";
    }

    //手机号码必须符合规则
    var elPhone=document.getElementsByName("phone")[0];  //获取手机文本框
    var regexMobile = /^1[3|5|8]\d{9}$/;  //手机号码规则
    if(elPhone.value!=""&&!regexMobile.test(elPhone.value)){
        elPhone.nextSibling.innerHTML="*请输入有效的手机号码！";
        valid=false;
    }
    else{
        elPhone.nextSibling.innerHTML="";
    }

    //邮箱必须符合规则
    var elEmail=document.getElementsByName("email")[0];  //获取邮箱文本框
    var regexEmail =/([\w\-]+\@[\w\-]+\.[\w\-]+)/;  //电子邮箱地址规则
    if(elEmail.value!=""&&!regexEmail.test(elEmail.value)){
        elEmail.nextSibling.innerHTML="*请输入有效的邮箱地址！";
        valid=false;
    }
    else{
        elEmail.nextSibling.innerHTML="";
    }
    return valid;  //返回验证结果
}
</script>
<?php
include 'Footer.html';   //包含页脚页
?>
```

```
</body>
    </html>
```

RegisterData.php 的源代码如下：

```
<?php
//设置网页文件字符集
header("Content-type:text/html;charset=UTF-8");
//包含数据库连接文件
require_once 'Conn.php';
//设置数据库字符集，避免中文乱码
$db->query("SET NAMES utf8");
//处理用户提交的原始数据
function checkInput($data) {
    $data = trim($data);   //去除空格等不必要的字符
    $data = stripslashes($data);  //删除反斜杠
    $data = htmlspecialchars($data);   //转义 HTML 特殊字符
    return $data;
}
//获取用户名
$userName=checkInput($_POST['userName']);
if(empty($userName)){
    echo "<script>alert('用户名没有填写！'); history.go(-1);</script>";
    exit();
}
//检查用户名是否已经存在
$sql = "SELECT * FROM account WHERE username='$userName'";
$result = $db->query($sql);
if ($result->num_rows>0){
    echo "<script>alert('该用户名已经存在！'); history.go(-1);</script>";
    exit();
}
//获取姓名
$cName=checkInput($_POST['cName']);
//获取密码
$password=checkInput($_POST['pwd']);
if(empty($password)){
    echo "<script>alert('密码没有填写！'); history.go(-1);</script>";
    exit();
}
//获取国家
$country=checkInput($_POST['country']);
```

```
//获取省份
$province=checkInput($_POST['province']);
//获取城市
$city=checkInput($_POST['city']);
//获取地址
$address=checkInput($_POST['address']);
//获取邮编
$zip=checkInput($_POST['zip']);
//获取手机
$phone=checkInput($_POST['phone']);
//获取邮箱
$email=checkInput($_POST['email']);
/* 将用户信息添加到Account数据表*/
$sql = "INSERT INTO Account VALUES('$userName','$password','$cName',
'$country','$province','$city','$address','$zip','$phone','$email')";
$result = $db->query($sql);
if($result){
   echo "<script>alert('注册成功！'); history.go(-1);</script>";
}
else{
   echo "<script>alert('注册失败！'); history.go(-1);</script>";
}
   ?>
```

运行网页，验证用户注册功能。

技术要点

（1）使用数据库的查询及插入语句进行数据的插入。

（2）使用 JavaScript 判断用户输入的有效性。

10.9 用户信息

通过用户注册只收集了用户登录所需要的用户名和密码，其他与具体业务相关的用户信息还需要用户自行维护和管理。网上书城需要保存用户的联系信息，包括地址、电话和电子邮箱等，以便用户订购书籍后进行送货，这些信息在用户信息页进行处理。

【任务 10-9】制作用户信息页 UserProfile.php。

用户信息页的界面设计如图 10-9 所示，用户可以在此填写或修改个人资料。

源代码如下：

```
<?php
session_start(); //启动会话
//如果未登录，没有设置Session变量“userName”，则跳转到登录页
if (! isset($_SESSION['userName'])) {
```

```
    header('Location:Login.php');
}
?>
<!DOCTYPE html>
<html>
<head>
<meta charset="UTF-8">
<title>用户信息</title>
<style type="text/css">
body {
    margin: 0px;
    text-align: center;
}

#reg {
    width: 370px;
    border: 1px solid blue;
    line-height: 40px;
    margin: 0 auto;
    padding-left: 100px;
    padding-top: 15px;
    padding-bottom: 15px;
    text-align: left;
    font-size: 14px;
}

.error {
    color: red;
}
</style>
</head>
<body>
<?php
//包含页头与导航页
include 'HeaderNav.php';
//引用数据库连接文件
require_once 'Conn.php';
//设置字符集，避免中文乱码
$db->query("SET NAMES utf8");

//处理用户提交的原始数据
```

```
function checkInput($data)
{
    $data = trim($data); //去除空格等不必要的字符
    $data = stripslashes($data); //删除反斜杠
    $data = htmlspecialchars($data); //转义 HTML 特殊字符
    return $data;
}
//判断是否通过提交表单进入的页面
if (isset($_POST['cName'])) {
    //获取姓名
    $cName = checkInput($_POST['cName']);

    //获取国家
    $country = checkInput($_POST['country']);

    //获取省份
    $province = checkInput($_POST['province']);

    //获取城市
    $city = checkInput($_POST['city']);

    //获取地址
    $address = checkInput($_POST['address']);

    //获取邮编
    $zip = checkInput($_POST['zip']);

    //获取手机
    $phone = checkInput($_POST['phone']);

    //获取邮箱
    $email = checkInput($_POST['email']);

    /* 将用户信息添加到 Account 表 */
    $sql = "UPDATE Account SET cname = '$cName', country = '$country', province
= '$province', city = '$city', address = '$address', zip = '$zip', phone =
'$phone',email = '$email' ";
    $sql = $sql . " WHERE username = '" . $_SESSION['userName'] . "'";
    $result = $db->query($sql);
    if ($result) {
```

```
        echo "<script>alert('保存成功! '); </script>";
    } else {
        echo "<script>alert('保存失败! '); </script>";
    }
}
//显示用户信息
$sql  =  "SELECT   cname,country,province,city,address,zip,phone,email  FROM
Account WHERE username = '" . $_SESSION['userName'] . "'";
$result = $db->query($sql);
$row = $result->fetch_assoc();

?>
<h1>用户信息</h1>
    <form action="UserProfile.php" method="post">
        <div id="reg">
            <div>
                姓名: <input type="text" name="cName"
                    value="<?php echo $row['cname']?>" />
            </div>
            <div>
                国家: <input type="text" name="country"
                    value="<?php echo $row['country']?>" />
            </div>
            <div>
                省份: <input type="text" name="province"
                    value="<?php echo $row['province']?>" />
            </div>
            <div>
                城市: <input type="text" name="city"
                    value="<?php echo $row['city']?>" />
            </div>
            <div>
                地址: <input type="text" name="address"
                    value="<?php echo $row['address']?>" />
            </div>
            <div>
                邮编: <input type="text" name="zip"
                    value="<?php echo $row['zip']?>" />
            </div>
            <div>
                手机: <input type="text" name="phone"
```

```
                value="<?php echo $row['phone']?>" /><span class="error"><
/span>
            </div>
            <div>
                邮箱: <input type="text" name="email"
                value="<?php echo $row['email']?>" /><span class="error"><
/span>
            </div>
            <div style="margin-left: 85px;">
                <input type="submit" name="btnSubmit" value="保存" />
            </div>
        </div>
    </form>
<?php
//释放结果集
$result->close();
//关闭连接
$db->close();
?>
<script type="text/javascript">
var elform = document.getElementsByTagName("form")[0]; //获取表单
elform.onsubmit=function(){
    //表单提交，调用 checkData()函数验证数据，如果验证出错，中止表单提交
    return checkData();
}
//验证用户输入的各项数据
function checkData(){
    var valid=true;  //验证是否通过的标识

    //手机号码必须符合规则
    var elPhone=document.getElementsByName("phone")[0];  //获取手机文本框
    var regexMobile = /^1[3|5|8]\d{9}$/;  //手机号码规则
    if(elPhone.value!=""&&!regexMobile.test(elPhone.value)){
        elPhone.nextSibling.innerHTML="*请输入有效的手机号码！";
        valid=false;
    }
    else{
        elPhone.nextSibling.innerHTML="";
    }
```

```
    //邮箱必须符合规则
    var elEmail=document.getElementsByName("email")[0];  //获取邮箱文本框
    var regexEmail =/([\w\-]+\@[\w\-]+\.[\w\-]+)/;  //电子邮箱地址规则
    if(elEmail.value!=""&&!regexEmail.test(elEmail.value)){
        elEmail.nextSibling.innerHTML="*请输入有效的邮箱地址！";
        valid=false;
    }
    else{
        elEmail.nextSibling.innerHTML="";
    }

    return valid;  //返回验证结果
}

</script>

<?php
include 'Footer.html'; //包含页脚页
?>
</body>
</html>
```

运行网页，验证用户信息功能。

技术要点

（1）使用 JavaScript 验证数据的有效性。

（2）使用数据库的更新语句更新数据库记录。

10.10 商品展示

网站通过 Products.php 页面展示所销售的书籍。

【任务 10-10】制作商品展示页 Products.php。

商品展示页的界面设计如图 10-2 所示。Products.php 页面使用一个 Table，以 4 列的形式展示商品，每个商品包括书籍名称、描述、价格、图片等信息。此外，页面显示哪一类书籍由用户单击主页的书籍分类链接时传递的查询字符串决定。

源代码如下：

```
<?php
session_start(); //启动会话
?>
<!DOCTYPE html>
<html>
<head>
```

```
<meta charset="utf-8">
<title>网上书城系统</title>
</head>
<body>
<?php
include 'HeaderNav.php';  //包含页头与导航页
?>
<!-- 内容区的元素 -->
<?php
//引用数据库连接文件
require_once 'Conn.php';
//设置字符集，避免中文乱码
$db->query("SET NAMES utf8");
$cateid=$_GET['cateid'];
$perNumber=5; //每页显示的记录数
$page=$_GET['page']; //获得当前的页面值
$result=$db->query("SELECT  COUNT(*)  c  FROM  Product  WHERE  CategoryId  =
".$cateid);
//获得记录总数
$row = $result->fetch_assoc();
$totalNumber=$row["c"];
$totalPage=ceil($totalNumber/$perNumber); //计算出总页数
if (!isset($page)) {
 $page=1;
} //如果没有值，则赋值1
$startCount=($page-1)*$perNumber; //分页开始，根据此方法计算出开始的记录
$result=$db->query("SELECT productid,name,descn,image,listprice FROM product
WHERE categoryid = $cateid LIMIT $startCount,$perNumber");
//根据前面的方法计算出开始的记录序号和记录数
//查询到记录，返回查询结果并用表格显示
echo "<div id=\"main\">";
if ($result->num_rows>=1){
   echo "<table class='tb'><tr><th width=\"10%\">名称</th><th width=\"50%\">
描述</th><th width=\"20%\">图片</th><th width=\"10%\">价格</th><th width=\"10%
\">加入购物车</th></tr>";
   //获取数据
   while ($row = $result->fetch_assoc()) {
      echo "<tr><td>".$row["name"].
      "</td><td>".$row["descn"].
      "</td><td><img    src=\"images/".$row["image"]."\"        height=120px
```

```
width=80px/>".
        "</td><td>".$row["listprice"].
        "</td><td><a
href=\"ShoppingCart.php?productid=".$row["productid"]."\">加入购物车</a>".
        "</td></tr>";
    }
    echo "</table>";

}
if ($page != 1) { //页数不等于1
?>
<a href="Products.php?cateid=<?php echo $cateid;?>&page=<?php echo $page -
1;?>">上一页</a>//显示“上一页”链接
<?php
}
for ($i=1;$i<=$totalPage;$i++) {  //循环显示出页面
?>
<a href="Products.php?cateid=<?php echo $cateid;?>&page=<?php echo $i;?>"><?php
echo $i ;?></a>
<?php
}
if ($page<$totalPage) { //如果page小于总页数，显示“下一页”链接
?>
<a href="Products.php?cateid=<?php echo $cateid;?>&page=<?php echo $page +
1;?>">下一页</a>
</div>
<?php
}
//释放结果集
$result->close();
//关闭连接
$db->close();
?>
<?php
include 'Footer.html';   //包含页脚页
?>
</body>
</html>
```

由于数据库中同一分类的数据总量较多，无法在一页中完全显示，所以要使用分页技术对商品进行分页显示，具体步骤如下。

（1）查询字符串中的 page 参数以决定当前应该显示第几页，如果未传递该参数，则默认显示第一页。

（2）根据页数及每页显示的数量计算出需要显示的开始记录序号。

（3）从数据库中查询出需要显示的从开始记录序号到结束记录序号的记录。SQL 语句如下：

```
SELECT productid,name,descn,image,listprice FROM Product WHERE categoryid =
$cateid LIMIT $startCount,$perNumber
```

其中，$startCount 表示从第几行开始，$perNumber 表示取几条记录。

（4）将查询到的数据用表格的形式显示。

（5）根据查询字符串中的 cateid 参数查询数据库，取出该类数据的总数。

（6）计算总页数。

（7）在页面的下方显示“上一页”、页码、“下一页”链接。

技术要点

（1）数据分类的链接具有如下形式：

~/Products.php?cateid=类别 ID&page=页码

其中，?后的内容为查询字符串 QueryString，传递了两个参数 cateid 和 page，值分别为类别 ID 和当前页码。当用户单击某个分类链接来打开商品展示页时，系统将根据链接中的查询字符串变量 cateid 自动设置参数值。

（2）分页采用数据库中的限制序号查询技术来实现。

（3）页面底部显示页码链接。

10.11 购物车

网站通过 ShoppingCart.php 页面展示购物车。

在商品展示页中，每个商品都有“添加到购物车”链接。用户单击该链接，该商品即放置到用户的购物车中，代表用户准备订购该商品。

【任务 10-11】制作购物车页 ShoppingCart.php，将用户所选的商品放入购物车。

在商品展示页中，每个商品都有一个“添加到购物车”链接，表示为“~/ShoppingCart.php?productId=产品 ID&del=删除标志&count=数量”。用户请求该链接时，购物车页需要把查询字符串中指定的商品信息添加到 Cart 表中。

在更新 Cart 表时，如果查询字符串中有删除标志，则删除购物车中该书籍的记录；如果查询字符串中有数据更新标志，则更新购物车中该数据的数量。如果添加到购物车的商品不在用户的购物车中，则需要新增一条商品记录，商品数量为 1；如果商品已经在用户的购物车中，则更新 Cart 表相应的记录，商品数量加 1。功能流程如图 10-14 所示。

如果用户在书籍列表页中单击“添加到购物车”链接进入该页面，则查询字符串中的参数只有 productId。为了在购物车中对订购书籍的信息进行修改或删除，在该页面中的每行书籍信息后面都增加了“删除”链接，地址为自身页面，并在查询字符串中增加了删除标志参数“del”。在每行书籍信息列表中，数量列使用 Text 进行展示，这个数字可以进行更改。当用户修改了里面的数字，将光标移出该输入框或按 Enter 键时，将会触发事件，跳转到自身链接地址，此时查询字符串中将带入数据更新标志参数“count”。

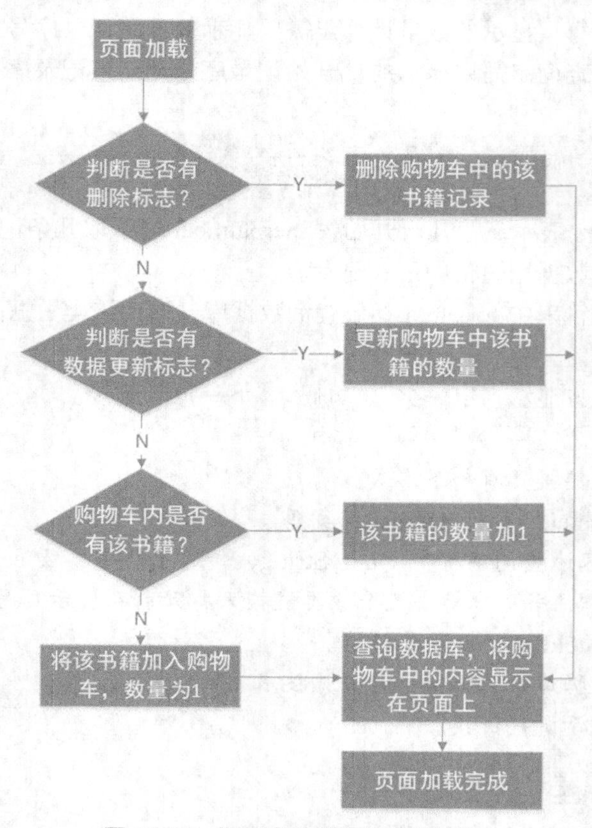

图 10-14　添加商品到购物车的流程

源代码如下：

```
<?php
session_start(); //启动会话
 //如果未登录，没有设置 Session 变量“userName”，跳转到登录页
if (! isset($_SESSION['userName'])) {
   header('Location:Login.php');
}
?>
<!DOCTYPE html>
<html>
<head>
<meta charset="utf-8">
<title>购物车</title>
<script type="text/javascript">
//捕获文本框失去焦点事件
function updateQuantity(productid)
```

```
{
    document.getElementById("txt_p"+productid).value=document.
getElementById("txt_p"+productid).value.replace(/[^0-9-]+/,'');
    window.location.href="ShoppingCart.php?productid="+productid+
"&count="+document.getElementById("txt_p"+productid).value;
}
//捕获回车事件
function quantityUp(productid)
{
    if(window.event.keyCode == 13){
document.getElementById("txt_p"+productid).value=document.getElementById("tx
t_p"+ productid).value.replace(/[^0-9-]+/,'');
window.location.href="ShoppingCart.php?productid="+productid+"&count="+docum
ent.getElementById("txt_p"+productid).value;
    }
}
</script>
</head>
<body>
<?php
include 'HeaderNav.php'; //包含页头与导航页
?>
<!-- 内容区的元素 -->
<?php
/*显示购物车
如果有删除标志，则删除购物车中的该书籍
如果有数量更新标志，则更新购物车中该书籍的数量
先读取用户的购物车内容，再判断用户选购的书籍是否已经在购物车中，如果已经在购物车中，则数量加 1
如果不在购物车中，加入购物车，更新数据库，并显示购物车中的内容*/
//引用数据库连接文件
require_once 'Conn.php';
//设置字符集，避免中文乱码
$db->query("SET NAMES utf8");
//书籍 ID
$productid = $_GET['productid'];
//删除标志
$del = $_GET['del'];
//数量更新标志
$count = $_GET['count'];
//先判断删除标志
```

```
if (isset($del)) {
    $sql = "DELETE FROM Cart WHERE username = '" . $_SESSION['userName'] . "' AND productid = '" . $productid . "'";
    $result = $db->query($sql);
} else {
    //判断数量更新标志
    if (isset($count)) {
        $sql = "UPDATE Cart SET quantity = " . $count . " WHERE username = '" . $_SESSION['userName'] . "' and productid = '" . $productid . "'";
        $result = $db->query($sql);
    } else {
        //定义 SQL 语句，查询用户购物车中是否已经存在该书籍
        $sql = "SELECT count(*) c FROM Cart WHERE username = '" . $_SESSION['userName'] . "' AND productid = '" . $productid . "'";
        //执行查询
        $result = $db->query($sql);
        $row = $result->fetch_assoc();
        $totalNumber = $row["c"];
        if ($totalNumber > 0) {
            //购物车中已经有该书籍了，将数据库中该记录的数量加 1
            $sql = "UPDATE Cart SET quantity = quantity +1 WHERE  username = '" . $_SESSION['userName'] . "' AND productid = '" . $productid . "'";
        } else {
            //购物车中没有该书籍，将该数据插入数据库中
            // INSERT INTO Cart (username,productid,name,listprice,quantity) (SELECT 'aaa','1',name,listprice,1 FROM Product WHERE productid = '1');
            $sql = "INSERT INTO Cart (username,productid,name,listprice,quantity) (SELECT '" . $_SESSION['userName'];
            $sql = $sql . "','" . $productid . "',name,listprice,1 FROM Product WHERE productid = '" . $productid . "');";
        }
        //更新数据库
        $result = $db->query($sql);
    }
}
//重新查询数据库中的购物车记录，返回查询结果并用表格显示
$sql = "SELECT productid,name,quantity,listprice FROM Cart WHERE username = '" . $_SESSION['userName'] . "'";
$result = $db->query($sql);
$sql = "SELECT SUM(listprice*quantity) s FROM Cart WHERE username = '" . $_SESSION['userName'] . "'";
```

```
$result2 = $db->query($sql);
$row2 = $result2->fetch_assoc();
if ($result->num_rows >= 1) {
   echo "<div id=\"main\">";
   echo "<table class='tb' width=100%><tr><th>书籍名称</th><th>数量</th><th>单价</th><th>删除</th></tr>";
   //获取数据
   while ($row = $result->fetch_assoc()) {
       echo "<tr><td>" . $row["name"] . "</td><td>";
       echo "<input type=\"text\" id=\"txt_p" . $row["productid"] . "\" value=" . $row["quantity"];
       echo " onblur=\"updateQuantity(" . $row["productid"] . ")\" ";
       echo " onKeyUp=\"quantityUp(" . $row["productid"] . ")\" ";
       echo "/>";
       echo "</td><td>" . $row["listprice"] . "</td><td><a href = \"ShoppingCart.php?del=1&productid=" . $row["productid"] . "\">删除</a></td></tr>";
   }
   echo "<tr><th></th><th>总价：</th><th>" . $row2["s"] . "</th><th></th></tr>";
   echo "</table>";

   echo "<li><a href=\"Index.php\"> 继续选购</a></li>";
   echo "<li><a href=\"CheckOut.php\"> 结算</a></li>";


   echo "</div>";
}
//释放结果集
$result->close();
$result2->close();
//关闭连接
$db->close();
?>
<?php
include 'Footer.html'; //包含页脚页
?>
</body>
</html>
```

Text 中的数字改变后，当用户将光标移开时，将触发 onblur 事件；当用户按 Enter 键时，将触发 onKeyUp 事件，我们可以使用 JavaScript 对这两个事件进行编程处理，使页面跳转至自身页面，并在查询字符串中带入参数“count”，从而实现修改购物车中书籍数量的功能。

技术要点

使用 JavaScript 对 HTML 元素的 onblur 事件和 onKeyUp 事件进行编程。

10.12 结算与生成订单

在购物车页面单击“结算”链接生成订单，结算页界面如图 10-7 所示。在结算页提交订单前，需最后确认该订单的商品、数量、金额及用户资料，单击“提交订单”链接后，页面切换到订单成功信息界面，如图 10-8 所示。

【任务 10-12】制作结算页 CheckOut.php，完成页面布局和基本设计。

进入该页面后，先判断页面的入口，如果查询字符串中没有参数“check”，表示是从购物车进来的，此时显示购物车内容和用户详细信息，并显示“提交订单”链接，该链接的地址是自身页面，并在查询字符串中增加了参数“check”。

如果查询字符串中有参数“check”，表示用户单击了“提交订单”链接，此时需要将购物车的相关数据插入到订单表中，并清空购物车，提示用户订购成功。

由于生成订单时涉及的 SQL 语句较多，使用 SQL 语句编程的工作量大，代码可读性也不好，因此可使用存储过程实现生成订单的功能。

源代码如下：

```
<?php
session_start(); //启动会话
//如果未登录，没有设置 Session 变量“userName”，跳转到登录页
if (! isset($_SESSION['userName'])) {
   header('Location:Login.php');
}
?>
<!DOCTYPE html>
<html>
<head>
<meta charset="utf-8">
<title>结算</title>
</head>
<body>
<?php
include 'HeaderNav.php'; //包含页头与导航页
?>
<!-- 内容区的元素 -->
<div id="main">
<?php
//显示购物车的内容和用户信息
require_once 'Conn.php';
```

```
//提交标志
$check = $_GET['check'];
//设置字符集，避免中文乱码
$db->query("SET NAMES utf8");
if (isset($check)) {
    $sql = "set @uname='".$_SESSION['userName']."'";
    $db->query($sql);
    $sql = "call checkout(@uname)";
    $result = $db->query($sql);
    echo "订单提交成功，感谢您的订购<br/>";
    echo "订单商品将开始配送，请保持您的联系方式畅通<br/>";
    echo "如对本订单有任何疑问，请联系我们的客服 4000000000<br/>";
    echo "网上书城团队<br/>";
} else {
    //查询数据库中的购物车记录，返回查询结果并用表格显示
    $sql = "SELECT productid,name,quantity,listprice FROM Cart WHERE username
=    '" . $_SESSION['userName'] . "'";
    $result = $db->query($sql);
    $sql  =  "SELECT  SUM(listprice*quantity)  s  FROM  Cart  WHERE  username  =
'" . $_SESSION['userName'] . "'";
    $result2 = $db->query($sql);
    $row2 = $result2->fetch_assoc();
    if ($result->num_rows >= 1) {
        echo "<table class='tb'><tr><th>书籍名称</th><th>数量</th><th>单价</th>
</tr>";
        //获取数据
        while ($row = $result->fetch_assoc()) {
            echo "<tr><td>" . $row["name"] . "</td><td>";
            echo $row["quantity"];
            echo "</td><td>" . $row["listprice"] . "</td></tr>";
        }
        echo "<tr><th></th><th>总价：</th><th>" . $row2["s"] . "</th></tr>";
        echo "</table>";
    }
    //查询用户信息并显示
    $sql = "SELECT  cname,country,province,city,address,zip,phone FROM Account
WHERE username = '" . $_SESSION['userName'] . "'";
    $result = $db->query($sql);
    $row = $result->fetch_assoc();
    echo "<table class='tb'>";
```

```
    echo "<tr><td>姓名：</td><td>" . $row["cname"] . "</td></tr>";
    echo "<tr><td>国家：</td><td>" . $row["country"] . "</td></tr>";
    echo "<tr><td>省份：</td><td>" . $row["province"] . "</td></tr>";
    echo "<tr><td>城市：</td><td>" . $row["city"] . "</td></tr>";
    echo "<tr><td>地址：</td><td>" . $row["address"] . "</td></tr>";
    echo "<tr><td>邮编：</td><td>" . $row["zip"] . "</td></tr>";
    echo "<tr><td>电话：</td><td>" . $row["phone"] . "</td></tr>";
    echo "</table>";
    echo "<a href=\"CheckOut.php?check=1\"> 提交订单</a>";
    //释放结果集
    $result->close();
    //关闭连接
    $db->close();
}
?>
</div>
<?php
include 'Footer.html'; //包含页脚页
?>
</body>
```

技术要点

使用 JavaScript 对 HTML 元素的 onblur 事件和 onKeyUp 事件进行编程。

【任务 10-13】编写存储过程，实现生成订单功能。

为了让代码的可读性更强，复杂的数据库操作往往采用存储过程实现。生成订单的业务逻辑如下。

（1）在 Orders 表中插入一条记录。

（2）将购物车的内容及刚刚插入 Order 表中的 orderid 信息插入 Orderlineitem 表中。

（3）清空购物车记录。

实现步骤如下。

（1）打开 phpMyAdmin，输入数据库的用户名和密码，单击“登录”按钮。

（2）在左侧栏中选择数据库 bookshop，选择存储过程，单击“新建”按钮，将出现图 10-15 所示的“新建程序”对话框。

（3）输入程序名称为“checkout”。

（4）由于需要保留用户名，因此可将用户名作为参数传入存储过程，在参数“名字”文本框里输入“uname”，类型为“VARCHAR”，长度为“50”。

（5）在“定义”框中输入如下代码。

```
BEGIN
declare oid int ;
INSERT INTO Orders (username) values (uname);
```

```
SELECT MAX(orderid) INTO oid FROM Orders WHERE username = uname;
INSERT INTO Orderlineitem (orderid,productid,quantity,listprice) (SELECT oid,b.productid,b.quantity,b.listprice FROM Cart b WHERE b.username = uname );
DELETE FROM Cart WHERE username = uname;
END
```

输入完成后的界面如图 10-16 所示。

图 10-15 “新建程序”对话框

（6）输入完成后，单击界面右下角的“执行”按钮，即可生成存储过程。

（7）完成后，测试运行效果。

技术要点

在 PHP 中调用存储过程，在 phpMyAdmin 中新建存储过程。

至此，本项目的所有设计与开发工作已经基本完成。最后，运行网站，对整个网站进行系统测试。

作为扩展练习，请读者自行完成本章项目中的以下扩展内容：

（1）新建搜索页 Search.php；

（2）修改 Products.php，新增“收藏”链接；

（3）新建收藏夹页 WishList.php。

图 10-16　输入完成存储过程信息后的界面

10.13 小结

本章的网上书城项目是在前面章节的基础上，综合运用了各种 PHP 技术、JavaScript 技术、数据库技术，涉及大量动态网页开发的概念与常规做法，已经非常贴近实际项目的开发。可以看到，在实际开发项目的过程中，很多具体功能、任务和效果的实现并没有在前面章节的知识讲解中涉及，实际上也不可能在一本书中全部涵盖。开发项目的过程就是培养独立分析问题、解决问题能力的过程。在实际的开发工作中，要求开发人员养成经常查找文档，利用搜索引擎寻求问题解决方法的习惯，只有这样才能不断实现各种功能，提升开发能力。